FRIEDERIKE OTTO

LA FUREUR DU TEMPS

ENQUÊTE AU CŒUR DU CHANGEMENT CLIMATIQUE

FRIEDERIKE OTTO

LA FUREUR
DU TEMPS

ENQUÊTE AU CŒUR DU CHANGEMENT CLIMATIQUE

En collaboration avec Benjamin von Brackel

Traduit de l'allemand par **Nelly Ganancia**

Tana
éditions

Pour mes Ottos.

Sommaire

Préface 11
Introduction : La nouvelle météo :
il n'y a (vraiment) plus de saisons 19

I.
Naissance d'un nouveau
secteur de recherche :
ce que la météo doit au climat

Causes et effets : comment nous avons modelé
le temps qu'il fait 37
Qui sème le doute : les climato-sceptiques 52
Révolution en climatologie :
remettre les choses à l'endroit 72
Le facteur humain : calculer l'influence
du changement climatique sur la météo 90
Canicules, pluies diluviennes et Cie :
ce que la météo doit au changement climatique 112

II.
Conséquences :
ce que permet la science de l'attribution d'événements

Défaut de planification : quand on l'ignore,
le changement climatique se venge 133
Préférer les faits au fatalisme : connaître les causes
des catastrophes permet de passer à l'action 148
Une question de justice : quand on connaît le coût
du changement climatique, les pays industrialisés
doivent payer 164
Débat sur la responsabilité globale : les États
et les grands groupes sur le banc des accusés................... 179
Le changement climatique au quotidien : adopter
un nouveau regard sur le temps qu'il fait........................ 199

Épilogue.. 215
Remerciements.. 221
Notice éditoriale 223
Notes et références bibliographiques................................... 225

Préface

J'ai écrit ce livre au printemps 2018, puis j'en ai effectué la révision au cours d'un été qui devait radicalement modifier la façon dont on parle du changement climatique dans notre société. Ou du moins, c'est à ce moment-là que l'on a *commencé* à en parler à une échelle qui semblait un peu plus adaptée pour enfin affronter réellement cet immense défi. À titre personnel, je n'ai sans doute pas beaucoup de mérite dans cette prise de conscience. En revanche, les méthodes de mon équipe de scientifiques telles qu'elles sont décrites dans cet ouvrage ont probablement joué un rôle non négligeable dans ce sens. Durant l'été 2019, qui n'est pas encore terminé au moment où je rédige cette préface, j'ai passé la dernière semaine de juin et la dernière semaine d'août à Toulouse, l'une et l'autre marquées par des canicules. Or ce n'étaient ni les seules ni les plus chaudes de l'année. Tout comme pendant l'été 2018, des millions de personnes en France (mais aussi en Grande-Bretagne, en Allemagne, en Inde, au Japon et dans bien d'autres régions du monde) ont ressenti physiquement ce que pouvait être le changement climatique. Elles ont aussi compris que ces températures extrêmement élevées, auxquelles

elles tentaient d'échapper en cherchant désespérément la fraîcheur de l'ombre, ne relevaient plus de la seule météo, mais signalaient un climat en pleine mutation.

C'est ainsi que ce livre, qui expose le lien entre météorologie et climat, est devenu plus pertinent et plus actuel que je ne l'aurais jamais imaginé. Parce que comme cela a été dit sur une antenne de radio allemande, il « fournit les arguments en faveur du mouvement *Fridays for Future* ». Certainement pas *tous* les arguments, néanmoins les pages qui suivent racontent la naissance d'une nouvelle façon d'aborder la climatologie. Une climatologie qui ne se cantonne plus aux publications spécialisées ni aux articles abscons, mais se rend accessible aux gens qui s'interrogent, et leur apporte des preuves scientifiques quand ils en ont besoin, là où ils en ont besoin. Tandis que cette nouvelle branche de recherche est encore dans sa prime jeunesse – génialement révolutionnaire, mais parfois déconcertante et déconcertée – une nouvelle génération d'adolescent·e·s se lève et apparaît soudain comme la seule frange de la population qui prenne ses responsabilités sur cette planète… là où ma propre génération et les précédentes ont tant failli.

Mais commençons par le commencement. Le changement climatique est un fait dont nous avons connaissance depuis fort longtemps. Dès 1856, l'effet de serre était confirmé par les expériences d'une scientifique américaine largement méconnue, Eunice Newton Foote, et quantifié par le Suédois Svante Arrhenius quarante ans plus tard. Nous avons observé l'élévation des températures tout au long du XXᵉ siècle, et le comité scientifique consultatif du président Lyndon Johnson mettait en garde contre le réchauffement climatique dès 1965*. Depuis la fin des années 1990 au plus tard, nous avons pu établir que

---

* Franta B., « Early oil industry knowledge of CO_2 and global warming », *Nature Climate Change*, 2018, vol. 8, p. 1024-1025.

cette élévation des températures était liée aux rejets de gaz à effet de serre engendrés par la combustion de ressources fossiles. Cette augmentation de 1 °C de la température moyenne ne tue personne directement, ni les gens ni les écosystèmes. C'est pourquoi ce n'est encore qu'un chiffre pour la plupart d'entre nous. Toutefois, ce chiffre est ferme et implacable, car à défaut de nous procurer une expérience émotionnelle, intime et immédiate, il en appelle à notre intellect, à notre raison, et nous invite… ou plutôt nous exhorte à nous saisir du changement climatique en tant que citoyens d'une même planète. Même dans les périodes les plus favorables de notre histoire, « être humain·e » n'a jamais été facile… Mais les dernières décennies étaient-elles les plus fastes pour notre espèce ? On peut au moins se le demander lorsque l'on voit les sommes astronomiques dépensées pendant des années par de puissants groupes d'intérêt pour instiller dans l'opinion publique la négation des lois de la physique ! Les recherches récentes de plusieurs historien·ne·s le prouvent : dès les années 1950, les dirigeant·e·s des compagnies pétrolières avaient connaissance du danger qu'il y avait à perpétuer leur modèle économique basé sur l'extraction et la combustion d'énergies fossiles. Des communiqués internes témoignent en effet qu'il·elle·s n'ont jamais mis en doute les preuves scientifiques… ce qui ne les a pas empêché·e·s de les nier publiquement, afin de continuer à dégager des profits. Le paysage politique actuel des États-Unis démontre, et de façon spectaculaire, à quel point il·elle·s ont réussi par cette manœuvre à semer les graines du scepticisme.

Avance rapide, revenons au XXIᵉ siècle. Les émissions de gaz à effet de serre continuent d'augmenter. Le changement climatique n'est plus une menace lointaine : l'élévation des températures globales moyennes de 1 °C au-dessus de celles de l'ère préindustrielle, et des niveaux de dioxyde de carbone dans l'atmosphère au-delà de 400 ppmv (parties par million en volume), se manifeste concrètement, par des changements dans la fréquence et l'intensité de certains événements météo-rologiques extrêmes, en plus de la montée du niveau des mers. Ces changements ne se limitent pas à des étés « trop chauds pour être honnêtes ». Partout dans le monde, les catastrophes naturelles menacent les acquis du développement et repré-sentent un réel danger pour la santé économique et sociale de nombreux pays et leur population. Autrement dit, pendant que l'élite mondiale ignorait ou réfutait activement le changement climatique d'origine anthropique, ce dernier poursuivait son accélération et des événements météorologiques dévastateurs donnaient raison à la science. Naturellement, ce sont toujours les mêmes qui paient le prix fort, à savoir les habitant·e·s des pays en développement, celles et ceux qui travaillent dehors, qui sont dans l'incapacité de se payer une assurance… Bref, les gens qui ont le moins profité de l'amélioration des condi-tions de vie d'une société carburant aux énergies fossiles. Sans oublier celles et ceux qui n'étaient même pas né·e·s dans les années 1960 à 1990, mais paieront l'addition de leurs aîné·e·s qui ont préféré ignorer le changement climatique pendant toutes ces décennies. Ce sont ces jeunes, sans responsabilité dans ce bouleversement, qui investissent à présent les rues, les tribunaux et bientôt, espérons-le, tous les lieux de prises de décisions.

Grâce à nos enfants, nous parlons enfin du changement climatique. Première étape essentielle, car il est évidem-ment impossible de résoudre un problème si l'on n'en a pas conscience. Ces adolescent·e·s ont donc réussi là où scienti-fiques et militant·e·s échouent depuis des dizaines d'années : le changement climatique s'invite dans toutes les conversations. Et l'on ne se contente pas d'en parler. Certains pays, comme le Royaume-Uni, se sont fixé des objectifs « zéro émissions » à atteindre d'ici la moitié du siècle, tandis que plusieurs villes dans le monde ont déclaré l'« état d'urgence climatique ». C'est un premier pas très important. Pourtant, trop souvent, l'urgence climatique se réduit encore à des mots. Un bon (mauvais !) exemple : la municipalité de Kiel, ma ville natale au nord de l'Allemagne, a déclaré ce fameux état d'urgence climatique, mais pour l'instant aucune mesure concrète n'a vu le jour. Aucune loi n'a été promulguée pour interdire les moteurs à explosion, améliorer l'isolation des logements, changer les systèmes de chauffage et entreprendre tout ce que nous savons être nécessaire. Non, on se focalise presque uniquement sur les actions individuelles (limiter les déplacements en avion par exemple). Mais on ne peut pas atteindre l'objectif de zéro émissions d'ici trente ou quarante ans en se contentant de pointer la responsabilité de chacun·e isolément. Nous vivons dans un système basé sur la combustion de ressources fossiles ; c'est donc ce système dans son ensemble qu'il faut transformer. Et vite ! Nos enfants ont déjà accompli une mission de la plus haute importance en ouvrant les yeux du monde sur l'urgence d'agir dès maintenant. Mais c'est à nous, les vieux et moins vieux en position de pouvoir, qu'il revient d'instaurer un système neutre en carbone. Car, comme le rappelait la pancarte d'un lycéen gréviste : « En 2050, vous serez morts. Pas nous. » Changer de modèle de société à l'échelle globale n'est pas un problème scientifique. C'est une question de responsabilité, aux plans philosophique et politique.

Alors pourquoi publier un livre sur une nouvelle façon d'aborder les sciences du climat ? Depuis le temps que nous répétons que consommer des énergies fossiles et relâcher des gaz à effet de serre dans l'atmosphère n'est pas compatible avec la stabilisation des températures globales moyennes, on pourrait penser que c'est au reste de la société de se débrouiller. Et jusqu'à un certain point, c'est sans doute vrai. Mais y compris si nous atteignions aujourd'hui l'objectif de zéro émissions nettes, cela ne changerait rien au fait que notre biosphère s'est déjà réchauffée de 1 °C. Et nous commençons seulement à en subir les conséquences… Si nos enfants nous ont aidé·e·s à reconnaître l'existence du changement climatique, nous devons à présent passer de la reconnaissance à la compréhension. Nous savons depuis longtemps que la température s'élève à l'échelle des continents, mais il se trouve que vous et moi ne vivons pas sous des températures continentales moyennes... Nous habitons dans des villes et des villages, dans des régions tropicales, des zones arides, des montagnes et des vallées. C'est là que nous devons nous adapter aux manifestations du changement climatique et là que se prennent les décisions d'aménagement des territoires. Disposer des preuves scientifiques de ces manifestations au moment le plus important et à l'endroit où l'on en a le plus besoin est absolument crucial pour réduire les risques et construire des systèmes résilients. C'est immédiatement après la catastrophe que cela est nécessaire, lorsque l'on commande de rebâtir, de déplacer et de réparer au niveau local, en particulier dans les régions les plus vulnérables, où les événements causent les plus gros dégâts, où le changement climatique majore les menaces, et où médias et opinion publique s'interrogent sur les causes profondes du désastre ainsi que sur leur propre vulnérabilité. Apporter ces preuves est exactement ce que permet l'attribution d'événements, la méthode scientifique décrite dans les pages suivantes. Évidemment, ce serait encore mieux si nous pouvions fournir toutes ces informations *avant* la survenue d'un événement, mais nous sommes humain·e·s et ne prenons souvent conscience de notre fragilité qu'en présence de dangers ostensibles.

Cependant, la science de l'attribution peut aussi servir d'aiguillon pour accélérer les transformations sociétales. D'une part de façon très directe, en délivrant une évaluation du rôle du changement climatique dans chaque événement météo extrême qui survient, nous rappelons l'opinion publique à la réalité – gageons que l'admission de votre grand-mère aux urgences à cause d'une vague de chaleur attribuée au changement climatique vous affectera autrement que des photos d'ours polaires. Et d'autre part plus indirectement, car les études d'attribution permettront bientôt de frapper là où ça fait mal, en attaquant les entreprises qui ont tiré le plus de profits de leur inaction face au changement climatique. Sachant qu'il devient scientifiquement possible d'évaluer l'impact climatique spécifique des différents émetteurs de carbone, nous pouvons avoir entre nos mains de quoi traîner les coupables devant les tribunaux. Pour le moment, ce n'est pas considéré légalement comme une preuve suffisante, mais les scientifiques sont formel·le·s dans leurs résultats. De nombreux juristes travaillent actuellement à faire évoluer la situation en Europe, aux États-Unis et dans le reste du monde. La question n'est plus de savoir *si* un gros producteur de carbone sera un jour poursuivi pour ses mensonges et son inertie, mais *quand* il le sera. Dans la mesure où il est certain que le changement climatique s'exprime au travers des accès de fureur du temps, et où nos enfants nous rappellent chaque vendredi qu'il est de notre responsabilité de nous saisir de ce problème immédiatement et à bras le corps, il ne faudra probablement plus attendre très longtemps avant qu'un·e juge ait le courage de recevoir une plainte de cet ordre.

Le lien entre vulnérabilité, changement climatique et inégalités est bien réel. Les leaders des mouvements sociaux ont raison de souligner que le changement climatique est une crise de l'inégalité. Il est vrai que rien ne révèle les injustices de façon plus criante que les violentes sautes d'humeur du climat. Parce qu'elle est désormais capable de prouver que le changement climatique est partiellement responsable de telle ou telle catastrophe, la science de l'attribution d'événements peut donner des arguments aux mouvements sociaux existants ou impulser la création de nouvelles organisations militantes.

En ramenant la climatologie des hautes sphères des modèles informatiques et de la politique internationale dans nos jardins, dans les salles d'audience et dans la rue, l'attribution d'événements extrêmes telle que je la décris ici nous presse de prendre nos responsabilités au sérieux et de réaffirmer haut et fort qu'il n'est plus acceptable d'attendre que la génération qui manifeste aujourd'hui ait grandi.

Introduction
La nouvelle météo :
il n'y a (vraiment)
plus de saisons

Nous sommes la première génération à connaître une météo totalement bouleversée. Le temps qu'il fait de nos jours se distingue sensiblement de celui qu'ont connu nos grands-parents, leurs propres grands-parents, et ainsi de suite.

Au cours de mon existence, la température terrestre s'est élevée d'environ 0,6 °C, tandis qu'en parallèle se produisait une évolution fondamentale dans notre météo. Cette évolution n'est pas entrée avec fracas dans notre vie, elle s'y est immiscée lentement, un peu comme une mauvaise habitude ou une douleur chronique. C'est pourquoi, jusqu'à présent, nous ne ressentions (du moins ici, en Europe) guère plus qu'une sorte de malaise diffus.

Malaise en raison de températures étouffantes dignes de contrées lointaines, de pluies diluviennes qui inondent nos caves et submergent nos axes de circulation, ou encore de tempêtes qui déracinent des arbres centenaires et paralysent le trafic ferroviaire. Décidément, avions-nous commencé à nous dire, il y a quelque chose de détraqué dans la météo... Au cours de l'été 2018, le sentiment de malaise s'est accentué avec la persistance des fortes chaleurs, la sécheresse implacable et le désespoir du monde agricole face aux récoltes perdues, alors que nous espérions en vain un peu de fraîcheur… Beaucoup se sont mis à penser que le changement climatique n'était plus une menace lointaine, mais qu'il nous montrait d'ores et déjà ses effets.

Les Français·e·s et les Allemand·e·s ne sont pas les seul·e·s à avoir fait ce constat. Ce fut encore bien pire au Japon, où des centaines de personnes durent se réfugier sur le toit de leurs maisons, lors de pluies torrentielles ayant causé d'énormes inondations. Voir aussi en Grèce quand, à la suite de terribles feux de forêt, la célèbre avenue de Marathon, à l'est d'Athènes, se retrouva bordée de carcasses de voitures calcinées, d'arbres carbonisés et de ruines aux fenêtres pulvérisées. Après l'incendie, on découvrit des gens enlacés dans la position où, pris au piège, ils avaient attendu la mort. Et parmi ceux qui s'étaient jetés dans la mer pour échapper aux flammes, six périrent noyés. Un an plus tôt, en septembre 2017, c'est l'île de Barbuda qui fut le théâtre d'un événement météorologique extrême – entièrement détruite par l'ouragan Irma. L'ensemble de la population dut être évacué sur l'île voisine d'Antigua.

« Je crois que ce n'est pas un hasard si nous connaissons en ce moment les pires cyclones depuis le début des statistiques », déclarait le climatologue Michael Mann, de l'université de Pennsylvanie[1], au cours du même mois. Allusion à Patricia sur le Pacifique en 2015, Winston dans l'hémisphère sud en 2016 et Irma sur l'Atlantique en 2017.

Et pourtant, nous nous posons encore la question : les événements météorologiques extrêmes n'ont-ils pas toujours existé ? Tout le monde sait que nos perceptions et souvenirs se déforment avec le temps qui passe. Certes, il y a trente ans, on parlait bien à la télévision de la tempête de 1987 sur la Bretagne et le Cotentin (équivalente à un ouragan de niveau 3), ou de la crue magistrale de l'Elbe, mais assez peu des inondations au Bangladesh et de la canicule au Kenya.

Dans notre monde hyperconnecté, on nous annonce désormais des catastrophes depuis les coins les plus reculés de la planète. Notre intuition ne nous trompe-t-elle pas en nous soufflant que la météo est devenue folle ?

Dans bien des cas, la réponse est non. Non, notre intuition ne nous trompe pas ! Car nous autres humains avons modifié les paramètres influant sur le temps qu'il fait. Chaque événement météorologique, que ce soit un ouragan ou une petite pluie d'été, advient dans des conditions environnementales différentes de celles qui régnaient encore il y a 250 ans. En d'autres termes, le changement climatique n'est pas un phénomène qui concernerait seulement les populations des pays dits « en développement », ni avec lequel nos enfants, ou les enfants de nos enfants, devront se débattre un jour. Il commence déjà à se faire sentir… au travers des aléas de la météo.

Ce qui est délicat, c'est de déterminer si une tempête sur le Nord de l'Europe n'est qu'un hasard de l'hiver ordinaire – simple manque de chance… – ou bien un phénomène d'une violence telle que l'on n'en voyait autrefois que tous les cent ou mille ans et qui se répète de plus en plus souvent. En effet, contrairement à ce qu'auraient parfois tendance à laisser penser les gros titres de certains journaux, le dérèglement climatique que nous avons provoqué ne peut pas être tenu pour responsable du moindre événement météorologique. À la question de savoir si les phénomènes sont plus extrêmes que par le passé, la réponse est oui dans la plupart des cas… Mais pas systématiquement ni dans toutes les circonstances.

Pour déterminer dans quelle mesure les êtres humains ont mis leur grain de sel dans tout cela, il faut appliquer une démarche scientifique, en l'occurrence celle de la *World Weather Attribution*. Quand notre équipe, constituée d'une poignée de scientifiques, a fondé ce projet en 2014, son annonce a fait l'effet d'une révolution dans le domaine de la climatologie. En quoi consiste donc notre travail ? Nous reconstituons l'historique d'un événement extrême en relevant les données météorologiques et en les comparant avec les simulations fournies par nos modèles informatiques. Ainsi, nous sommes capables en quelques jours (ou quelques semaines) de réaliser ce qui a longtemps semblé impossible, à savoir attribuer tel ou tel aléa météo au changement climatique... ou prouver au contraire que le changement du climat n'a rien à voir avec l'événement en question. C'est pourquoi nous avons baptisé « science de l'attribution d'événements », ou « attribution d'événements extrêmes » (*Event Attribution Science*), notre nouveau champ d'investigation. Nous ne parlons donc plus de processus climatiques sur des périodes d'une trentaine d'années comme le faisaient les climatologues jusqu'à présent, mais de ce qui nous touche ici et maintenant.

Parler du temps qu'il fait... Voilà qui a longtemps été négligé, car mal vu, par les climatologues ! Notre projet vise à combler cette lacune, d'autant que pour la première fois dans l'histoire de l'humanité, nous disposons d'outils permettant d'émettre des affirmations étayées sur chaque événement météorologique. De la sorte, nous remettons dans une certaine mesure la climatologie sur le chemin qu'elle n'aurait pas dû quitter, quoique cela heurte plusieurs de nos collègues. Notre motivation ? Nous voulons remplacer par des données concrètes l'embarras diffus que nous éprouvons à l'étude des causes de ces phénomènes. Avant nous, personne ne l'a encore fait, du moins pas dans des délais aussi brefs.

Certes, depuis l'invention de la presse, les médias avides de gros tirages et de larges audiences couvrent immédiatement et abondamment tempêtes, inondations, canicules et autres catastrophes, mais le plus souvent pour ne parler que de l'événement lui-même et de ses conséquences. Pendant longtemps, ils nous ont rarement dit si le phénomène était inhabituel pour la saison ou pour la région concernée et ne précisaient quasiment jamais la zone exacte ayant subi les pluies à l'origine de telle ou telle inondation. Or, les pluies elles-mêmes n'avaient peut-être rien d'exceptionnel, seules leurs répercussions étaient dramatiques.

À l'instar de nos ancêtres, nous aurions presque tendance à penser que le temps qu'il fait est décidé par des dieux et des déesses. Toutefois, nous savons déjà de longue date que ce n'est pas le cas. La météo a changé parce que les êtres humains ont modifié le climat. Mais sous la pression des intérêts et des idéologies, ce constat tend à être occulté. En principe, tout le monde peut dire ce qui lui chante. Ainsi, les climato-sceptiques, les réprésentant·e·s des fournisseurs d'énergie et les politiques dont il·elle·s ont l'oreille n'hésitent pas à réduire les tempêtes à de simples sautes d'humeur de la nature. « Des intempéries, il y en a toujours eu ! », déclarent-il·elle·s, entretenant la confusion la plus totale. D'aucuns – parmi lesquels un certain nombre d'évangélistes aux États-Unis – considèrent les cyclones comme une punition envoyée par Dieu pour expier nos péchés ici-bas. D'autres encore voient dans le changement climatique la source de tous les maux. Ce sont souvent des militant·e·s écologistes et des scientifiques dont l'intention première, cependant louable, est de réveiller l'humanité endormie pour lui montrer sans fards les dangers du chambardement climatique. Mais de la mise en garde à l'alarmisme, c'est bien connu, il n'y a qu'un pas. De plus, quantité de politiques n'hésitent pas à tirer la même sonnette d'alarme que les activistes, à la seule fin de rejeter sur le changement climatique la faute de catastrophes engendrées en réalité par l'inadéquation ou l'insuffisance de planification. Ils se défendent et justifient ainsi leur inaction face au risque.

Mais ces affirmations ne reposent sur rien de concret. Mettre au jour les relations de cause à effet, tel est l'objet de notre nouvelle branche de recherche. Au cours des quatre dernières années, à l'aide d'une méthode inédite et en de nombreuses occasions, nous avons été capables de déterminer si – et dans quelle mesure – le changement climatique s'exprime dans la météo, que ce soit par des canicules, des sécheresses, des inondations ou autres. Notre but étant de ramener la climatologie du futur vers le présent.

Quand tout se passe bien, nous sommes aptes à calculer en l'espace d'une semaine l'impact du changement climatique sur un phénomène météo, au moment où les médias en sont encore à commenter ce dernier. Nous agissons donc en temps réel, ce qui est très important. Car la seule façon d'influer sur les débats est de faire comprendre que le changement climatique n'est pas un phénomène à venir, mais qu'il se déroule actuellement, sous nos yeux, à notre porte.

En outre, notre nouvelle méthode permet que le monde soit mieux préparé à un climat en mutation. Dès lors que nous savons quels événements météorologiques deviennent plus vraisemblables, à quelles saisons et dans quelles régions du monde, nous pouvons investir des fonds, mobiliser des forces d'intervention de façon plus efficace et ainsi sauver des vies.

Grâce à nos travaux, il pourrait être beaucoup plus facile de demander des comptes aux coupables des dérèglements météorologiques, si bien que les gros fournisseurs d'énergie comparaîtraient plus fréquemment au banc des accusés. Les premiers procès autour de catastrophes naturelles en lien avec le changement climatique sont déjà en cours. À l'aide de nos études d'attribution, les multinationales pourraient être contraintes à dédommager les victimes du climat qui ne bénéficient pas du soutien d'un lobby.

Oui, les faits sont puissants et apportent de la clarté. Je tenais à vous raconter comment nous parvenons à les caractériser, en me servant d'un exemple d'événement concret. J'ai pour cela choisi l'ouragan Harvey, qui a balayé le Sud des États-Unis en 2017 et déversé des trombes d'eau sur la ville de Houston. À mon sens, Harvey se prête tout particulièrement à cette démonstration, non seulement pour expliquer les grandes lignes de notre travail, mais aussi pour pointer les excès du lobbyisme et d'une politique climatique pilotée par le seul intérêt financier.

Jour 0

Tout commence par un funeste concours de circonstances. Dans le golfe du Mexique, des températures inhabituelles de plus de 30 °C ont transformé une dépression tropicale en tornade. Des montagnes de nuages hautes de plusieurs kilomètres tourbillonnent dans le sens antihoraire autour de l'axe central de la tempête, entraînées par la rotation de la Terre. Ces nuages promettent des vents d'une vitesse inouïe, mais également des pluies torrentielles comme le montrent les images satellites.

En dessous, le tourbillon ne cesse d'aspirer de l'air chaud et humide à la surface de l'océan, ce qui accroît considérablement sa force. La tempête tropicale vient d'être promue au rang d'ouragan par les météorologues et se dirige à une vitesse folle vers les côtes du Texas. Plus précisément vers Houston – quatrième ville des États-Unis avec son agglomération de près de sept millions d'âmes – et ses nombreuses raffineries. C'est effectivement une importante plaque tournante de l'industrie pétrolière. Le souvenir de Katrina refait surface. Survenu en 2005, cet ouragan avait été le plus meurtrier des États-Unis depuis cent ans.

Nous sommes le 24 août 2017 et un nouvel événement se profile. Il a déjà un nom : Harvey. À 7 700 km de là, bien à l'abri de l'autre côté de l'Atlantique, je commence ma journée à Oxford. Avant de petit-déjeuner, je repêche mon téléphone au fond de mon sac pour m'informer des dernières mises à jour sur Harvey. Un tweet du météorologue américain Eric Holthaus me saute aux yeux :

« Je viens de faire tourner mon modèle GFS (12Z), il prévoit rien moins qu'une inondation cataclysmique sur le Texas. Entre 600 et 1 200 mm de pluie en trois ou quatre jours. Restez sur vos gardes. »

Pas de doute, nous devons agir. Nous devons trouver les coupables, et ce, avant que les micros et projecteurs ne cessent d'être braqués sur le Texas.

De notre action dépend le regard que porteront les gens sur l'ouragan. À Houston, mais aussi dans tous les États-Unis et dans le monde entier. De notre action dépend également l'identification des coupables de la catastrophe.

Ironie de la nature : pour la première fois depuis des années, un ouragan s'apprête à dévaster une ville côtière états-unienne, au moment où l'occupant climato-sceptique de la Maison Blanche a décidé de retirer son pays (le plus gros émetteur de gaz à effet de serre) de l'accord de Paris sur la protection du climat. Les États-Unis seraient ainsi le seul pays de toute la communauté internationale à refuser officiellement de diminuer ses émissions.

Si nous ne disons rien, si notre équipe n'intervient pas, nous abandonnons le devant de la scène à celles et ceux qui ne suivent que leur agenda politique et se livrent à de folles spéculations induites par leur vision du monde. Nous laisserions alors la majeure partie de la population continuer à croire que la météo n'a rien à voir avec le climat. Ou du moins, que le lien est si complexe qu'il est impossible à établir.

Les climatologues eux·elles-mêmes ont contribué à nourrir cette croyance, dans la mesure où, après chaque tempête, il·elle·s ont longtemps argué que l'on ne pouvait pas attribuer un événement isolé au changement climatique et qu'une observation sur des périodes de trente ans était nécessaire pour produire des affirmations fiables. Qu'un·e climatologue commente concrètement un événement météorologique ? Voilà qui reste encore largement tabou.

De nos jours, tous ces événements surviennent pourtant dans des conditions environnementales modifiées. N'oublions pas que nous avons brûlé des sources d'énergies fossiles pendant plusieurs siècles, réchauffant au passage notre atmosphère d'environ 1 °C, ce qui a entraîné la modification de la circulation des zones anticycloniques et dépressionnaires. À l'heure actuelle, chaque tempête est nécessairement en lien avec le dérèglement climatique. La question est de savoir jusqu'à quel niveau et de déterminer si ce dérèglement a renforcé ou affaibli la tempête, puisque les deux cas de figure sont possibles. C'est là que commence notre travail.

Le problème avec Harvey est que notre équipe n'a encore jamais effectué de calculs sur les ouragans, qui sont des phénomènes très complexes. Moi-même, en tant que physicienne, j'éprouve à leur égard une crainte respectueuse. On ne peut les observer vraiment correctement que depuis l'ère des satellites, qui a débuté en 1979. Mais comme, contrairement aux sécheresses ou aux canicules, les ouragans ne couvrent que des zones restreintes, il est plus difficile de les simuler dans le cadre de modèles climatiques.

Je ne sais pas si nous y parviendrons, surtout en l'espace de quelques jours ou quelques semaines. Si, dans notre hâte, nous nous trompions dans nos équations, la réputation tout juste établie (et de haute lutte) de notre branche de recherche serait sérieusement entachée. Publier une étude et ses résultats selon le protocole scientifique prend beaucoup de temps. Engager ce processus alors même que le monde entier se noie sous les commentaires à propos de l'événement représente un risque considérable.

Cependant, c'est exactement ce que nous devons faire si nous voulons agir efficacement et inviter la climatologie dans le débat. Nous avons conscience d'avancer sur un terrain glissant. En effet, nous nous positionnons (du moins le temps d'une période de transition) en rupture vis-à-vis d'un principe fondamental de la validation scientifique, une procédure que l'on nomme *relecture par les pairs*. Ce *peer-review*, en anglais, signifie que des chercheur·euse·s du même domaine de compétences que les auteur·rice·s de l'étude sont censé·e·s vérifier cette dernière, préalablement à la parution des résultats dans une publication académique. C'est logique, normal, et nous aussi serions ravi·e·s que nos analyses soient toujours ainsi dûment ratifiées avant d'être publiées.

Nous nous en tenons d'ailleurs au protocole habituel, mais seulement pour le développement de nouvelles méthodes. Dans les autres cas, nous n'en avons simplement pas le temps. Si nous attendons plusieurs mois avant de diffuser un résultat, il sera trop tard pour que le grand public cherche encore à connaître les tenants et les aboutissants du phénomène concerné. Entre-temps, d'autres événements climatiques extrêmes se seront peut-être produits, détournant l'attention des citoyen·ne·s, des médias et des politiques, tandis que nos recherches n'intéresseront plus personne.

C'est pourquoi nous scindons la relecture par les pairs en deux étapes, tout en sachant que cela nous expose à des critiques. Pour autant, nous ne publions pas au hasard toutes sortes de chiffres à peine les avons-nous calculés. Nous n'utilisons que des méthodes décrites dans des revues spécialisées, et ne publions avant vérification que s'il s'agit d'un nouvel événement et non d'un nouveau *type* d'événements. En ce sens, il faut reconnaître que nous ne nous plions pas aux usages du milieu scientifique… ce qui ne nous empêche pas de travailler sérieusement.

Mais qui sommes-nous, au juste ?

Notre équipe

Nous ne sommes ni policier·ère·s ni secouristes ou ambulancier·ère·s, et encore moins politicien·ne·s. Nous sommes des climatologues. Quoique pas ordinaires ! Nous formons un trio bien rodé : Geert Jan Van Oldenborgh, moi-même et notre coordinatrice, l'océanographe Heidi Cullen. Même quand aucun événement n'est à signaler, nous nous entretenons au moins toutes les deux semaines par visioconférence. Lorsqu'un cas se produit, nous échangeons à son sujet presque tous les jours, et ce, depuis 2014. Heidi mène ses recherches à Princeton, Geert Jan à De Bilt et moi à Oxford. Nous ne sommes pas seuls. Beaucoup de gens nous aident dans notre travail, y compris mes collègues des diverses disciplines de l'Institut des changements environnementaux (Environmental Change Institut, ECI) de l'université d'Oxford. Néanmoins, nous portons tous trois collectivement la responsabilité de nos travaux et déterminons ensemble quand nous nous saisissons d'un cas, si ses causes sont suffisamment établies et si le moment est opportun pour faire connaître nos découvertes. Comme aujourd'hui.

13 h 00 : début de notre réunion de crise. Harvey s'est encore rapproché des côtes nord-américaines et a changé de forme – pas pour le mieux. Des pilotes d'avion de chasse de l'armée ont pu repérer et survoler l'œil du cyclone[2]. En l'espace d'une demi-journée, le système tropical a pris une ampleur considérable au-dessus des eaux chaudes du golfe du Mexique : les vents, qui atteignaient 100 km/h dans la matinée, soufflent maintenant à une vitesse de 160 km/h[3]. Greg Abbott, le gouverneur du Texas, a annoncé la mise en œuvre préventive du plan d'urgence en cas de catastrophe naturelle, afin de réagir plus rapidement si nécessaire. Selon le centre national d'observation des cyclones, Harvey devrait atteindre le littoral vendredi soir ou samedi matin.

Le président Donald Trump lui-même a réagi, en envoyant au monde entier des photos de lui dans les locaux de l'Agence fédérale d'organisation des secours d'urgence (Federal Emergency Management Agency, FEMA) à Washington. On l'y voit en train de converser, mines et gesticulations appuyées, avec le directeur de cet organisme. En commentaire, il invite tous les habitant·e·s du Texas à se préparer au pire. Le message est clair : en cas de coup dur, vous pouvez compter sur votre président. Objecter qu'il vient de restreindre les budgets de l'aide d'urgence et nie publiquement les effets du changement climatique n'est évidemment pas de circonstance !

À 7 700 km de l'ouragan, dans mon bureau de trois mètres sur cinq, dans un édifice en briques typique d'Oxford, je me creuse les méninges de concert avec mon équipe pour préparer une riposte et décider si nous devons enquêter sur ce nouveau cas.

Personne n'est surpris d'apprendre que Geert Jan est déjà en train de recueillir données et prévisions. Il les actualise heure par heure depuis que Harvey a entamé sa traversée de l'Atlantique au départ des côtes d'Afrique de l'Ouest. Sur les écrans de l'Institut météorologique royal des Pays-Bas (The Royal Netherlands Meteorological Institute, KNMI), où Geert Jan travaille depuis vingt ans, le phénomène apparaît comme un ouragan potentiel. Geert Jan est la locomotive de notre groupe. Si cela ne tenait qu'à lui, nous publierions chacune de nos études en l'espace de deux jours. Dormir ? À quoi bon, quand on peut analyser des relevés météorologiques !

Pour nous scientifiques, le monde se compose en grande partie de nombres, de diagrammes et d'ordinateurs. Mais nous avons aussi besoin de constater visuellement les événements, de voir les dégâts et les victimes des catastrophes. Les équipes d'organisation des secours sont nos yeux. Les données qu'elles nous fournissent sont aussi précieuses que difficiles à obtenir. Combien de personnes sont touchées ? Y a-t-il des mort·e·s et des blessé·e·s ? Souvent, les brigades d'intervention présentes sur place savent avant les scientifiques si un événement est susceptible ou non de déclencher un désastre, parce qu'elles reçoivent très tôt des alertes de la part des autorités et agences météorologiques locales. Aidées de toutes ces informations, elles peuvent évaluer le niveau de préparation d'une population. Et ce qu'elles savent sur Harvey n'augure rien de bon. L'infrastructure de Houston n'est pas de taille à affronter les trombes d'eau qui ne devraient pas tarder à s'abattre. Quant à savoir si la population prendra les messages d'alerte au sérieux…

Toutefois, nous sommes parfois en désaccord avec les secouristes sur les destinataires prioritaires de nos résultats. De leur point de vue, en effet, il s'agit avant tout d'informer les représentant·e·s politiques locaux·ales, car ce sont eux·elles qui décident au final s'il faut reconstruire les maisons endommagées ou les faire raser, si tout peut recommencer comme avant ou s'il est indispensable d'adapter le plan d'urbanisme aux nouvelles conditions environnementales. Ces décisions ne sont prises ni par le gouvernement de Washington ni par les médias.

C'est pourtant à ces deux entités que pensent d'abord Heidi et ses collègues, dont le rôle est d'éclairer l'opinion publique mondiale. Heidi ne coordonne pas seulement notre équipe, c'est aussi elle qui résume et vulgarise nos articles spécialisés de façon à les rendre compréhensibles par le commun des mortels. Et elle tient à ce que nous partagions nos découvertes essentielles avec le grand public au moment précis où il concentre son attention sur le sujet.

Mais Heidi n'est pas vraiment à l'aise avec Harvey. La pression est énorme : d'un côté nous ne pouvons pas rester silencieux face à une tempête de cette ampleur ; de l'autre les ouragans sont pour nous *terra incognita*, et nous ne pouvons nous référer à aucune méthode ni aucun modèle testé et éprouvé auparavant. Or nous ne pouvons pas non plus nous permettre, sous peine de perdre notre crédibilité, d'émettre des affirmations qui ne soient pas fiables à cent pour cent. Car les États-Unis suscitent une attention incomparable avec le reste du monde. Il nous faut donc prendre le temps nécessaire.

— Dès que nous ouvrirons la bouche, tous les projecteurs se tourneront vers nous, dis-je. La presse du monde entier a les yeux rivés sur Harvey.

— Nous avons des résultats d'observation, nous pourrions nous concentrer sur les précipitations plutôt que sur la tempête, propose Geert Jan.

Il nous rappelle à cette occasion que nous avons déjà effectué une étude similaire, à peine un an plus tôt, dans une zone très proche de Houston. Il s'agissait des fortes averses qui s'étaient abattues sur la Louisiane en août 2016. Dans le cas de Houston, il suffirait de nous décaler un peu vers l'ouest sur la carte.

— Cela prendra à peine deux jours, si nous utilisons les modèles américains. Y consacrer plus de temps ne changera rien au résultat.

— Si, répliqué-je. Je pense que cette fois-ci nous avons affaire à un autre système de circulation. Le temps nous permet de repérer des erreurs, de soigner la formulation des résultats et d'utiliser un plus grand nombre de modèles différents. D'ailleurs, la tempête n'est pas encore terminée, et l'on peut penser que le rôle du changement climatique dans la catastrophe intéressera encore les gens dans deux semaines !

Heidi abonde dans mon sens. Nous devons faire preuve d'encore plus de prudence que d'habitude, même si nous savons que chaque jour qui passe laissera la place à des théories aussi naïves que fantaisistes sur les causes de Harvey. Avant de raccrocher, Geert Jan lance encore, un peu déçu, qu'il n'a pas dit son dernier mot sur le planning.

Sa frustration ne dure pas, car l'analyse et la mise à jour des relevés d'observation de Harvey se révèlent passionnantes… En tout cas vu d'Europe, quand on ne se trouve pas soi-même au beau milieu de la tourmente.

C'est à moi que revient la tâche d'évaluer les modèles climatiques et avant tout de m'assurer que les bonnes simulations interviennent au moment propice. Or cela ressort plus compliqué que prévu. Ici, à Oxford, nous disposons par chance d'un modèle climatique régional pour le golfe du Mexique, en l'occurrence un modèle qui couvre l'ensemble du système climatique mondial et représente l'Amérique centrale avec une résolution quatre fois supérieure. Cependant, les simulations ont été effectuées par une consœur au Mexique, de sorte que les données sont actuellement stockées sur un serveur dans l'État mexicain de Baja California. Après tout, nous sommes au XXIe siècle, et transférer ces données jusqu'à Oxford ne devrait pas être si difficile… Dans un premier temps, je ne peux néanmoins pas faire grand-chose de plus qu'envoyer un courriel à ma collègue.

D'un commun accord, notre équipe décide qu'il nous faut un·e spécialiste des ouragans. Il n'y en a que très peu dans le monde. L'un d'entre eux·elles, Gabriel Vecchi, a longtemps été chercheur dans l'un des plus grands centres d'étude des tempêtes tropicales au monde, le Laboratoire de dynamique des fluides géophysiques (Geophysical Fluid Dynamics Laboratory, GFDL) de l'université de Princeton. Nous avons déjà travaillé avec lui un an auparavant, quand une grande partie de la Louisiane était sous l'eau.

En outre, nous avons besoin de quelqu'un ayant accès aux tout derniers relevés d'observation sur place. Ce sera Antonia Sebastian, de l'université Rice à Houston. Notre équipe se complète de Karin Van der Wiel, qui partage actuellement le bureau de Geert Jan à De Bilt, après avoir longtemps travaillé avec Gabriel à Princeton.

L'expertise de chacun·e est déterminante, mais quand le temps presse, il est surtout primordial de bien se connaître. C'est encore plus vrai dans le cas d'une équipe internationale telle que la nôtre. Sans une solide confiance mutuelle, rien ne fonctionne. Nous l'avons appris à nos dépens.

Notre visioconférence se termine par une répartition des tâches bien définie. Geert contacte Gabriel, Karin et Antonia. De mon côté, je joins mon homologue mexicaine sans tarder, ainsi que l'équipe de maintenance informatique d'Oxford. En effet, la simulation d'ouragans mobilise un espace de stockage colossal et il nous faut importer ici plusieurs téraoctets de données.

À la fin de l'entretien, notre décision est prise : l'ouragan Harvey fera l'objet d'une étude d'attribution d'événements extrêmes.

I.

Naissance d'un nouveau secteur de recherche : ce que la météo doit au climat

Causes et effets : comment nous avons modelé le temps qu'il fait

Nous sommes la première génération à sentir les effets d'un processus initié il y a 250 ans, dans un laboratoire de Glasgow, en Écosse, où un mécanicien et fabricant d'instruments du nom de James Watt imagina une « nouvelle méthode pour diminuer l'emploi de vapeur et de combustible dans les machines à feu », ouvrant la voie à l'ère de la mécanisation et de la locomotive à vapeur. Dès lors, l'humanité fut prise d'un appétit insatiable pour le charbon, le pétrole et le gaz, extraits du sol par milliards de tonnes depuis cette époque, pour être ensuite brûlés dans des usines et des véhicules... réchauffant au passage notre planète comme dans une serre.

Pourquoi nous avons besoin de gaz à effet de serre

La Terre tire son énergie de la lumière du soleil. Cependant, seule une petite portion du rayonnement solaire parvient jusqu'à la surface de la planète. Une partie des rayons – les UV – sont absorbés par la couche d'ozone. Réfléchis par l'atmosphère, la glace ou d'autres surfaces claires, environ 30 % des autres rayons sont renvoyés dans l'espace. Le reste du rayonnement qui nous parvient est absorbé par la Terre, qui se réchauffe et émet alors son propre rayonnement, lequel n'est plus visible mais parfaitement sensible, sous forme de chaleur, car il s'agit principalement de rayons infrarouges. Ces infrarouges sont de nouveau retenus dans l'air par les fameux gaz à effet de serre et rediffusés dans toutes les directions, moyennant une perte d'énergie. Les principaux gaz à effet de serre sont la vapeur d'eau, le dioxyde de carbone et le méthane. Une fraction du rayonnement est donc renvoyée une fois de plus vers la Terre – un vrai jeu de ping-pong entre la surface terrestre et les gaz à effet de serre ! À chaque contact, l'énergie s'affaiblit, car les molécules absorbent une partie de l'énergie de rayonnement et la transforment en énergie cinétique… Ce qui signifie tout bonnement que l'atmosphère se réchauffe.

À cause de ces gaz, la température de l'atmosphère est plus élevée d'une trentaine de degrés que s'ils étaient absents. Sans gaz à effet de serre, le rayonnement émis par la Terre serait majoritairement réverbéré librement dans l'espace. En d'autres termes, il ferait nettement plus froid sur le plancher des vaches, la vie serait beaucoup moins confortable. Les gaz à effet de serre sont conséquemment très importants pour nous.

Tant que la proportion de gaz à effet de serre et de rayonnement solaire sur Terre est constante, tout va bien. Les ennuis commencent lorsque nous brûlons des quantités phénoménales de carburants fossiles. Cela conduit à augmenter dans l'air les rejets de gaz à effet de serre, qui absorbent de plus en plus les rayonnements. C'est le cas, en particulier, du dioxyde de carbone qui, contrairement à la vapeur d'eau, ne quitte pas l'atmosphère après quelques jours sous forme de pluie, mais y stagne plusieurs siècles. Et pour que le bilan énergétique soit correct, il faut bien que la Terre se réchauffe. C'est effectivement ce qui se passe, comme nous le savons depuis 1895, date à laquelle Svante Arrhenius a découvert le lien entre gaz à effet de serre et réchauffement de la planète.

Depuis 1776, au moment où James Watt a fait breveter par le roi George III sa machine à vapeur améliorée, la Terre s'est réchauffée d'environ 1 °C. Les émissions de CO_2 ont d'abord augmenté lentement, puis à vitesse croissante, au rythme de l'industrialisation. En conséquence, la température moyenne a elle aussi augmenté, de façon progressive dans un premier temps. En 1960, la hausse n'était encore que de 0,2 °C. Je le répète : à l'heure actuelle, soit à peine un demi-siècle plus tard, elle est de 1 °C entier à l'échelle planétaire. L'année la plus chaude a été 2016, suivie de 2017, tandis que 2015 occupe la troisième marche du podium, avec dans son sillage 2014, 2010 et 2013. Pour résumer, les sept années les plus chaudes se classent toutes dans la dernière décennie.

Ce degré supplémentaire de la température moyenne mondiale est une mesure abstraite. Nous ne le percevons pas immédiatement, nous en remarquons seulement les effets. Pour le dire plus abruptement, l'élévation de la température moyenne mondiale ne tue personne. Du moins pas directement…

Mais bel et bien par son influence sur le temps qu'il fait.

Le visage du changement climatique

Ce degré supplémentaire a d'éminentes répercussions sur la météo. En raison de la circulation atmosphérique, les températures grimpent dans presque toutes les régions du globe. Dans le cas de figure le plus élémentaire, il fait partout plus chaud et les canicules sont plus fréquentes, tandis que diminue la probabilité des vagues de froid.

En se réchauffant, l'air peut absorber davantage de vapeur d'eau, qui se condense sous forme de nuages et reste emmagasinée pendant quelques jours. Mais si l'humidité relative de l'air atteint 100 %, elle retombe alors sous forme de pluie et de neige. La formule est simple : plus l'air absorbe d'eau, plus il pleut. L'atmosphère est telle une éponge qui, quand on la presse, relâche autant d'eau qu'elle en a absorbé. Or sous l'effet de la chaleur, l'atmosphère réagit comme une éponge qui ne cesse de gonfler.

Ce phénomène est particulièrement facile à observer sous les tropiques, où les précipitations sont beaucoup plus violentes que sous nos latitudes. Pourtant, nous pouvons aussi l'appréhender en Allemagne ou en France. Il suffit pour cela de comparer les pluies saisonnières chez nous, souvent bien plus drues en été que celles de l'hiver.

Pour autant, cela ne signifie pas que nous ne devions plus connaître que des pluies tropicales dans nos contrées tempérées. Car le volume et l'intensité des précipitations augmentent seulement à l'échelle de la moyenne mondiale. Autrement dit, il y en aura un peu plus à tel endroit, un peu moins à tel autre.

Le réchauffement et l'augmentation de la vapeur d'eau dans l'atmosphère liés au changement climatique suivent des lois physiques très simples que les climatologues appellent *effets thermodynamiques*.

Mais le changement climatique influence encore la météo d'une autre façon. L'émission de gaz à effet de serre ne réchauffe pas seulement l'atmosphère, elle modifie également sa composition. Or quand le dioxyde de carbone, le méthane et la vapeur d'eau s'accumulent, la circulation de l'air mute elle aussi.

La circulation atmosphérique correspond au mouvement de masses d'air, que nous ressentons sous forme de vent. Elle résulte du rééquilibrage constant des écarts de pression et de température. Quiconque a déjà gonflé un ballon de baudruche et l'a relâché avant de le nouer sait que les hautes et les basses pressions s'équilibrent, à moins qu'on ne les en empêche. Les différences de température proviennent du fait que la Terre est plus ou moins sphérique, de sorte que l'équateur reçoit plus de soleil que les pôles : les rayons solaires sont perpendiculaires à l'équateur, tandis qu'ils frappent les pôles selon un angle aigu. Ces différences de température génèrent des systèmes de vents qui couvrent chacun un hémisphère. Des *jet-streams* ou courants-jets, se forment à la rencontre des masses chaudes et froides, puis la rotation de la Terre modifie leur vitesse et leur trajectoire. Ils soufflent en permanence à une rapidité incroyable et à haute altitude.

Mais les contrastes de pression et de température existent aussi à plus petite échelle : l'air se réchauffe plus vite au-dessus de la terre ferme qu'au-dessus de l'eau, et plus vite au-dessus des plaines qu'au-dessus des montagnes. Les nuages entrent également en jeu, car eux aussi influencent la pression et la température. Si nous modifions tout cela, à savoir la température, la composition de l'atmosphère et la formation des nuages (ce que nous faisons déjà), la circulation atmosphérique varie elle aussi. En d'autres termes, cela influe sur le moment et le lieu de formation des dépressions et des anticyclones, la force des vents, la saison à laquelle ils s'activent et dans quelle direction.

D'autres facteurs jouent également un rôle, par exemple l'utilisation des sols et leur interaction avec l'atmosphère.

Ces altérations ne sont pas sans conséquences. Désormais, des ouragans peuvent naître dans des régions qui n'en connaissaient jamais auparavant. En raison du réchauffement des océans, le point critique qui permet aux tourbillons de tirer de l'eau suffisamment d'énergie pour se former est atteint dans des endroits inédits. Pendant des siècles, nous avons pu tranquillement rapporter le temps qu'il fait à un climat stable, mais avec le réchauffement global, bien des épisodes de pluie, de sécheresse ou de tempête échappent aux schémas qui nous étaient familiers.

En climatologie, on nomme *effet dynamique* ce phénomène de modification de la circulation en réponse au changement climatique. Si lui aussi est régi par des lois physiques, il est néanmoins beaucoup plus complexe que l'effet thermodynamique.

Les deux effets n'agissent pas séparément mais toujours ensemble. Cela dit, n'ayant pas la même intensité et pouvant opérer dans des directions divergentes, ils ont des conséquences très dissemblables sur la météo. Et dans le cas de figure où les effets du réchauffement et de la circulation se confortent mutuellement… on peut s'attendre au pire. Il pleut déjà beaucoup plus en certains endroits, pour la simple raison que l'air réchauffé est capable d'absorber une quantité d'eau largement supérieure. Comme de surcroît les dépressions s'invitent plus fréquemment dans la région, cela peut donner lieu à des pluies diluviennes.

Vivant en Angleterre, je suis bien placée pour le savoir ! Il y a quelques années, quand j'ai déménagé de Potsdam à Oxford, je m'étais préparée mentalement à la légendaire humidité britannique. Mais au cours des hivers passés, c'est justement ce double effet qui s'est produit : davantage de dépressions venues de l'Atlantique ont majoré les pluies au-delà de ce que l'on aurait pu escompter à l'ère préindustrielle. En outre, les précipitations ont été renforcées par une atmosphère plus chaude. Dans le Sud de l'Angleterre, l'hiver a toujours été la saison la plus arrosée – il neige assez rarement par ici. Toutefois, le changement climatique a augmenté la probabilité de pluies record comme celles du début de l'année 2014, dont le mois de janvier fut le plus humide depuis le début des statistiques[1]. Et bien souvent, ce type d'événements ne se limite pas à la pluie. Le risque lié aux inondations est pareillement plus élevé… spécialement dans les régions où des habitations sont construites dans des prairies humides, fort nombreuses dans cette région d'Angleterre. Grâce à un système de prévention sophistiqué, Oxford a largement été épargnée par les inondations cet hiver-là. En revanche, les comtés situés plus au sud n'ont pas eu la même chance et de vastes portions du Devon, et surtout du Sommerset, se sont transformées en paysages maritimes. À la suite de la submersion des voies de chemin de fer, ces régions sont restées coupées du reste du pays pendant plusieurs semaines.

A contrario, dans un autre cas de figure, les deux effets peuvent aussi se neutraliser réciproquement. Il pleut assurément davantage dans une atmosphère réchauffée, mais la modification de la circulation atmosphérique diminue le nombre de zones de précipitations, de sorte que ces dernières passent moins souvent au-dessus du périmètre concerné. Au total, tout demeure comme avant, et la probabilité d'hivers ou d'étés pluvieux reste invariable en dépit du dérèglement climatique. Les crues de l'Elbe et du Danube en 2013 étaient de cet ordre, elles ne sortaient en rien de la normale[2].

Il existe encore une troisième possibilité, qui consiste en une modification si intense de la circulation qu'elle amplifie l'effet thermodynamique. Autrement dit, la *dynamique* qui détermine où et quand il pleut est si fortement remaniée que pratiquement plus aucune précipitation ne touche le sol dans la région en question. Dans ce cas, le fait que l'air chaud puisse absorber (et logiquement déverser) beaucoup plus d'eau n'entre pas en ligne de compte, car sans mouvement de l'air adéquat, les nuages de pluie ne se forment pas... et quand le sol est déjà sec, les nuages n'apparaissent pas non plus localement. C'est ce qui explique que le risque de sécheresse puisse augmenter à certains endroits, alors qu'à l'échelle de la planète les précipitations sont globalement plus abondantes. Le Sud-Ouest de l'Australie, par exemple, connaît depuis cinquante ans une diminution dramatique des chutes de pluie – qui peut être attribuée en partie au changement climatique[3].

Si nous considérons la Terre dans son ensemble, nous pouvons donc assez bien expliquer la manière dont le climat agit sur le temps qu'il fait. Le problème est que lorsqu'un ouragan se lève et menace les dizaines de milliers d'habitant·e·s d'une agglomération côtière, plus personne ne s'intéresse aux valeurs moyennes.

À ce jour, nul n'a pu établir l'inventaire des conséquences concrètes du changement climatique. Nous devons dès lors passer au niveau supérieur et analyser le cas concret d'une sécheresse, d'une inondation ou d'une tempête géante pour comprendre comment le changement climatique met son grain de sel dans notre météo. En d'autres termes, identifier l'enchaînement des causes et des conséquences. Cela est dorénavant possible, il suffit de mener une enquête approfondie.

En bons détectives, nous ne partons pas des fondements de l'événement, mais de son effet. Notre première question est donc : « Que s'est-il passé ? »

La reconstitution de l'événement

La question peut paraître anodine, mais quiconque a déjà lu un roman policier sait que reconstituer la scène d'un crime est rarement chose facile. Dans le cas d'inondations, en particulier, nous ne savons pas toujours dans quel secteur nous devons collecter nos données. Sur les lieux des inondations ? Ou bien plus en amont ? Et a-t-il vraiment beaucoup plu ? Ou bien est-ce la faute de cette digue mal construite ? À moins que le cours de la rivière n'ait été dévié, si bien que les prairies autrefois inondables n'ont pu empêcher des lotissements entiers d'être submergés…

Dans la plupart des pays du monde, on trouve un réseau plus ou moins dense de stations météo qui mesurent chaque jour la température, les précipitations et la pression atmosphérique. En sus, nous bénéficions depuis 1979 de mesures par satellite régulières. Ces deux formes d'observation renseignent sur l'activité météorologique mondiale et nous fournissent les données dont nous avons besoin pour travailler.

Et c'est seulement après avoir répondu à la question « Quoi ? » que nous pouvons passer au pourquoi. En tant que climatologue, je me penche donc plus souvent sur la bonne vieille météo de tous les jours que sur le climat global. De même, un·e détective ne pourra jamais désigner nommément le coupable s'il·elle recherche uniquement les causes sociales du crime, malgré leur utilité pour établir des profils de criminels.

Les cas que nous devons élucider sont un tantinet plus complexes que dans *Tatort*, cette série télévisée germanophone dans laquelle les commissaires, qui ne sont pas des scientifiques, ne traquent en général qu'un seul coupable par épisode. À l'opposé, chaque événement climatique réunit plusieurs causes et résulte de l'interaction de facteurs locaux, régionaux et mondiaux, qui se combinent toujours de façon diverse. Par exemple : un sol localement très sec, une éruption volcanique dont le nuage de cendres voile le soleil, bouleversant durablement le climat d'une région – voire de la Terre entière –, ou encore le dérèglement climatique, qui influence toute la planète. Pris isolément, aucun de ces déterminants ne déclenche un événement extrême. Et un événement donné ne se reproduira jamais exactement à l'identique. Pour filer la métaphore criminelle, nous avons affaire à toute une bande de malfaiteurs, chacun doté d'un caractère bien à lui et d'une fâcheuse tendance à changer de camp en fonction de ce qui l'arrange.

Par ailleurs, certains facteurs jouent un rôle plus décisif que d'autres. Ainsi le changement climatique décuple-t-il la probabilité des canicules dans le Bassin méditerranéen. Notre équipe a pu le démontrer de façon particulièrement claire avec la canicule Lucifer, qui a transformé l'été 2017 en étuve à plus de 40 °C. À lui seul, le changement climatique multiplie cette probabilité *au moins* par dix... mais quasiment jusqu'à cent selon nos estimations les plus pessimistes. Alors qu'une canicule de cette envergure ne se produisait auparavant qu'une fois par siècle, il faut désormais s'attendre à en traverser une tous les dix ans, voire plus souvent encore.

À nous de déterminer ce qu'est un événement météorologique extrême

Aussi surprenant que cela puisse paraître, il n'y a pas de définition générale de ce qu'est un événement extrême. En réalité, cette notion dépend beaucoup de l'ampleur des dégâts provoqués sur place et du niveau de préparation – ou au contraire de vulnérabilité – de la zone en cause. En fin de compte, les différentes définitions n'ont de sens que par rapport aux décisions à prendre pour préparer une région aux intempéries futures.

Un événement extrême est donc un peu comme une sculpture que l'on observerait sous plusieurs angles. Prenons pour exemple la canicule qui a frappé la Serbie[4] à l'été 2012, et dont la probabilité a également été multipliée par dix à cause du changement climatique. Il se trouve que cette estimation est basée sur le seul relevé des températures estivales. Pourtant, si nous rajoutons le stress thermique, c'est-à-dire si nous considérons également l'humidité relative de l'air au cours de cet événement, la probabilité n'est multipliée que par deux. Parce que contrairement à la température, l'hygrométrie ne s'est presque pas modifiée, amenant le stress thermique, qui intègre ces deux facteurs, à augmenter plus lentement que la température proprement dite.

Pour un agriculteur, ce sont certainement les températures elles-mêmes qui sont importantes. Pourra-t-il encore cultiver du maïs, alors qu'elles dépasseront fréquemment 40 °C pendant plusieurs jours au mois de juin ? Une cardiologue, en revanche, s'intéressera davantage aux incidences de la température sur le corps humain.

En fonction de la façon dont nous définissons un événement, nous obtenons par suite des résultats très différents. Mais différent ne veut pas dire pas erroné. Chaque définition aboutit à un résultat correct en lui-même selon le degré de précision habituel, incluant la part d'incertitude des modèles climatiques. Il n'existe pas une seule définition exacte et univoque de ce qu'est un événement extrême, mais plusieurs, plus ou moins pertinentes en fonction du poids de tel ou tel aspect de l'événement sur nos vies. Si nous voulons répondre à la question du rôle du changement climatique, nous devons d'abord clarifier *à partir de quel niveau* un événement ou un autre est extrême et quelle est sa portée sur nous. Dans le cas de Harvey, nous voulons savoir de quel genre de tempête il s'agit et isoler celles de ses caractéristiques qui sont signifiantes pour nous. Au travail !

Jour 3

Lundi 28 août 2017, la brise marine traverse la nef d'une église de Rockport, petite bourgade de 10 000 habitant·e·s au bord du golfe du Mexique, qui tire son nom des promontoires rocheux dominant le rivage. Ce week-end-là, la congrégation n'a pas pu célébrer l'office… car la moitié de l'église a été emportée. La paisible localité, au climat agréable, au cadre idyllique, est la première des États-Unis à avoir été balayée par l'ouragan Harvey, dans la soirée du vendredi.

L'édifice est jonché de poutrelles de bois et d'acier, le toit a perdu ses tuiles, l'isolant déborde des parpaings disséminés pêle-mêle devant l'entrée principale. Des rafales atteignant

210 km/h ont réduit en miettes les habitations. Elles étaient accompagnées de pluies qui ont formé des lacs à l'endroit où s'étiraient quelques heures plus tôt des bretelles d'autoroute. Plusieurs bateaux sont échoués, des poteaux gisent au sol et le courant est coupé. La tempête a fait un mort et des dizaines de blessé·e·s dans le village.

Le Centre national des ouragans (National Hurricane Center, NHC) a déclassé Harvey en tempête tropicale, mais cette dernière a simplement changé de stratégie au profit d'une tactique de l'usure : elle s'est pratiquement immobilisée et reste accrochée au-dessus de la ville de Houston qui, depuis trois jours, connaît les précipitations les plus importantes jamais enregistrées ici dans un laps de temps si bref.

Pas de dénouement en vue, du moins pas à court terme, puisque l'air chaud et humide accumulé au-dessus de la mer continue de fournir de l'énergie à la tempête qu'aucun vent de terre ne vient déplacer. Cet événement déjà extrême est en bonne voie pour se transformer en ce que les météorologues appellent un *cygne noir*, c'est-à-dire un événement très improbable, encore jamais observé, mais pas impossible pour autant. Un événement auquel on peut s'attendre tous les 10 000 ans, voire plus rarement.

Nous en sommes au troisième jour, et ça continue… Nous ne pouvons toujours pas tirer de conclusions. Harvey ne fait pas encore partie de l'histoire. En revanche, il monopolise l'attention générale, qui ne cesse de s'accroître. Le phénomène météo s'est effectivement transformé en catastrophe pour Houston. Les médias américains ont commencé à jouer aux devinettes afin d'en identifier la cause. Pour le moment, la plupart des gros titres sont encore assortis d'un point d'interrogation : *Le changement climatique a-t-il aggravé l'ouragan Harvey ?*

Mais bientôt, certains médias apportent chacun leur réponse. D'aucuns affirment que le lien est évident[5], d'autres, comme

Fox News, consacrent des émissions entières à la tempête sans utiliser une seule fois l'expression « changement climatique »[6].

De notre côté, la pression commence à monter. Personne ne nous attend, hormis Harvey lui-même, qui semble s'attarder nettement à Houston… Bien que l'événement ne soit pas encore terminé, il nous faut établir un plan de bataille au plus vite, car nous disposons déjà de prévisions sur lesquelles nous pouvons nous appuyer dans une certaine mesure.

Pour nous lancer, nous devons sélectionner les caractéristiques de Harvey que nous voulons prendre en compte. Le mieux serait bien sûr de considérer la tempête dans son ensemble, et de comptabiliser la vitesse du vent et la force de rotation comme base de notre étude. Toutefois, ce n'est pas par hasard si nous n'avons encore jamais analysé d'ouragan. À l'heure actuelle, les variables de ces événements très complexes sont difficiles à intégrer de façon suffisamment réaliste dans nos simulations. Les relevés d'observation ne sont vraiment exploitables que depuis l'ère des satellites. Et les modèles dont nous disposons ne sont pas forcément adaptés.

Il est nécessaire de trouver un compromis entre ce qui se passe réellement et ce que nous pouvons étudier sérieusement. Au lieu de nous concentrer sur la tempête elle-même, nous soumettrons à notre analyse les précipitations qu'elle engendre. D'après ce que nous avons déjà vu au cours des trois derniers jours, cette approche est parfaitement adaptée. Si le vent a provoqué quelques dégâts, ce sont les pluies qui font de Harvey une véritable catastrophe en engloutissant Houston sous les flots.

Ce qui tombe plutôt bien pour notre équipe de scientifiques, attendu que nous disposons d'énormément de relevés de précipitations, enregistrés depuis plus d'un siècle, ainsi que de modèles adéquats. L'année précédente, nous avions examiné les pluies sur la Louisiane, dans un secteur situé à seulement 320 km de la métropole texane[7]. À l'époque, nous ne nous étions intéressé·e·s qu'aux statistiques des précipitations, indépendamment du fait que ces dernières aient été déclenchées par des ouragans, des systèmes dépressionnaires tropicaux ou d'autres circonstances météo. À partir du moment où l'on se focalise avant tout sur les dégâts occasionnés par ces pluies excessives, les causes purement météorologiques n'ont plus leur place dans l'analyse.

Notre enquête peut démarrer. Mais le public exige déjà des réponses... et il se manifeste en début d'après-midi sous la forme d'un appel téléphonique de Karl Mathiesen, le rédacteur en chef de *Climate Home*, l'un des principaux portails d'actualités dédiés au climat.

Il me demande d'écrire un article, afin de faire entendre la voix de la science au milieu du monceau d'informations et d'opinions subjectives soulevé par Harvey. Je me retrouve à présent dans l'exacte position de certain·e·s de mes collègues climatologues qui, il y a quelque temps, ont été contraint·e·s de s'exprimer sur le caractère extrême d'un événement sans disposer de données suffisantes à son sujet. J'avais alors copieusement critiqué leurs réponses insatisfaisantes. Mais Mathiesen ne renonce pas. Après lui avoir opposé que je ne suis pas une experte des ouragans, je finis par céder. Je veux d'une part contrecarrer le ton alarmiste de certain·e·s de mes confrères et consœurs, et d'autre part récuser l'affirmation selon laquelle il n'est pas possible de relier un événement météo précis au changement climatique.

J'écris donc ce que nous pouvons déjà affirmer à propos de Harvey : le réchauffement des océans favorise la formation d'ouragans. Les eaux plus chaudes confèrent davantage d'énergie et de puissance aux vents tourbillonnaires. En outre, le changement climatique a un autre impact sur les ouragans : dans une atmosphère plus chaude, le *cisaillement vertical* des vents augmente. Ce terme peut sembler obscur, mais il signifie simplement que le vent horizontal n'a pas du tout la même vitesse à l'étage inférieur de la tempête qu'à plus haute altitude. Si la différence excède 10 m/s, le tourbillon formé par l'ouragan ne peut plus se maintenir et ce dernier perd de la puissance. Comme je l'ai dit, le changement climatique renforce les deux, soit le cisaillement vertical et la température de l'océan – des facteurs susceptibles de conduire d'un côté à la formation des ouragans, de l'autre à leur essoufflement.

Concrètement, rien n'indique d'entrée de jeu qu'un climat plus chaud augmente la probabilité d'un ouragan. Et sans une étude approfondie, il ne sera pas possible de déterminer si Harvey, en tant que porteur de pluie, offre un avant-goût de ce qui attend Houston à l'avenir. Dans mon article, j'attirais aussi l'attention sur le phénomène dont je vous ai parlé précédemment : un climat plus chaud accroît la probabilité de précipitations plus abondantes. À quel point ? Cela dépendra de la modification de la circulation atmosphérique. Et c'est justement l'objet de notre recherche. Notre objectif est d'éclaircir les choses et ainsi de nous opposer aux grands groupes de pression qui s'efforcent depuis des années de faire exactement l'inverse, c'est-à-dire semer la confusion.

Qui sème le doute :
les climato-sceptiques

Barbara Underwood n'a pas tardé à prendre son nouveau job à bras-le-corps. Six mois après son arrivée au poste de procureure générale de New York, cette dame de 74 ans s'est trouvé un adversaire de taille. Le 24 octobre 2018, elle assignait en justice la multinationale pétrolière la mieux notée par les places financières mondiales[1]. Basé sur trois ans d'enquête, l'acte d'accusation de 97 pages est accablant. Pendant des décennies, ExxonMobil aurait menti volontairement à ses investisseurs et à l'opinion publique. Tandis qu'en interne l'entreprise connaît depuis longtemps les conséquences du changement climatique, ayant elle-même commandité plusieurs études sur le sujet, ses dirigeants continuent d'en minorer les risques à l'extérieur. Selon la procureure Underwood, on ne peut guère invoquer la liberté d'opinion.

« Les actionnaires ont investi leur argent et leur confiance dans Exxon, dit-elle. ExxonMobil a construit une façade pour faire croire aux investisseurs que l'entreprise agit en toute transparence quant aux risques du réchauffement global, alors qu'en réalité elle les a sciemment minimisés ou simplement ignorés[2]. »

L'enjeu est de taille pour la multinationale, qui pourrait être contrainte à payer des centaines de millions de dollars et dont l'image de marque serait sérieusement écornée[3].

Al Gore, prix Nobel de la paix et ancien vice-président des États-Unis, membre du groupe qui s'est porté partie civile, compare ce cas à celui du procès intenté contre l'industrie du tabac dans les années 1990, alors que cette dernière avait nié les risques liés à ses produits pendant plusieurs décennies.

À présent, le groupe pétrolier pourrait payer les frais d'une stratégie engagée il y a près de quarante ans[4]. C'était la fin des années 1970, et l'entreprise venait d'être confrontée à un sacré problème. Exxon, qui ne fusionnera avec Mobil qu'en 1999, avait mandaté un certain nombre de scientifiques pour étudier le lien entre le forage du pétrole et un phénomène dont tout le monde commençait à parler, et que l'on nommait *réchauffement climatique.*

Le 24 août 1982 (35 ans jour pour jour avant la requalification de la tempête tropicale Harvey en ouragan... et le début de notre enquête, qui devait aussi retentir sur ExxonMobil), une rencontre est organisée au siège texan de la firme. Andrew Callegari a préparé un exposé à destination des cadres de l'entreprise[5]. Sous le titre « Sujets de discussion », ce spécialiste en mécanique technique de l'université de New York cite deux points : en premier lieu l'effet de serre dû au CO_2, et en second les modèles climatiques d'aide à la décision.

Le scientifique explique ensuite comment la Terre se réchauffe quand on brûle des carburants fossiles, et précise que le schéma des précipitations au-delà pourrait se modifier et le niveau de la mer s'élever. Les représentant·e·s d'Exxon et leurs responsables de la communication reçoivent clairement le message : les premiers effets du changement climatique feront leur apparition à partir des années 2000... Dans la mesure où il parlait d'événements météorologiques, Callegari ne s'était pas trompé.

Les dirigeants de l'entreprise avaient déjà entendu le même type de discours de la part d'autres scientifiques, mais jamais en termes aussi limpides. Ce que leur disait ce chercheur tenait de la menace existentielle. Une menace pour les emplois de nombreuses personnes, mais aussi – ce qui devait être bien plus alarmant aux yeux de la direction – pour le modèle de société porté par le géant pétrolier. Pas de doute, ils devaient agir !

Trois ans plus tôt, ils avaient déjà déployé le premier volet d'une stratégie qu'ils feront perdurer dix ans : l'entreprise intégrait des chercheurs tels que Callegari et les laissait investiguer l'impact de la combustion de gaz et de pétrole sur le climat mondial, et même produire des centaines d'études en collaboration avec d'autres scientifiques. Tout ceci visant à asseoir la crédibilité d'Exxon face aux législateurs et aux gouvernements. Mais simultanément, la multinationale mettait en place le deuxième volet de ses manœuvres, à savoir une campagne de communication publique dont l'objectif principal était sans ambiguïté de semer le doute.

Parallèlement aux études, analyses et documents internes, l'entreprise diffusait des annonces publi-rédactionnelles dans la presse. En premier lieu dans le *New York Times*, l'un des plus prestigieux journaux américains. Tous les jeudis, entre 1979 et 2001, le mastodonte du pétrole réservait un encart dans les colonnes du quotidien, au tarif négocié de 31 000 dollars la parution.

Le contenu de ces communications ne coïncidait pas exactement avec ce que Callegari et son équipe consignaient dans leurs rapports. Voici une annonce typique datant de 1997, peu avant le sommet de Kyoto consacré au climat qui devait obliger les pays industrialisés à protéger ce dernier : « Les scientifiques ne peuvent pas prédire avec certitude si les températures vont augmenter, ni dans quelle mesure, ou encore à quels endroits de la planète il faudrait s'attendre à des changements. [...] Ne vous laissez pas déstabiliser par les accords de Kyoto. Le changement climatique est un phénomène complexe ; les déclarations scientifiques ne sont pas concluantes ; les conséquences sur l'économie seraient catastrophiques. »

Dans ces encarts, il est sans cesse question d'« incertitudes », d'un « haut degré d'imprécision » ou de « théories non démontrées ». En réalité, le consensus scientifique est établi depuis les années 1990 et affirme que le dérèglement climatique induit par l'humain est déjà en cours, qu'il n'est pas réversible et qu'un immense effort conjoint de la communauté internationale sera nécessaire pour le ralentir.

En 2017, deux chercheurs de Harvard se sont plongés dans un corpus de 187 documents publiés dans le cadre de la communication sur le climat d'ExxonMobil entre 1977 et 2014. « L'attitude prédominante dans les annonces d'ExxonMobil est le doute », écrivent les deux auteurs[6]. Au vu de la dissonance avec les études commanditées par la même entreprise, les universitaires concluent qu'ExxonMobil a volontairement « induit le public en erreur ».

Pendant longtemps, l'économie s'est relativement peu appuyée sur l'inflexion de l'opinion publique, mais presque exclusivement sur le lobbyisme traditionnel. Cependant, les équipes dirigeantes de grands groupes, en particulier dans l'industrie du tabac et du pétrole, se sont aperçues qu'influencer l'opinion publique, en déplaçant le point de vue dès qu'on aborde un sujet polémique, se révèle bien plus efficace. Car leur connivence avec le pouvoir ne leur est d'aucune utilité si les politicien·ne·s, soucieux·ses de rester à leur poste, accordent plus d'importance aux sondages d'opinion et aux comptes-rendus des médias qu'aux acteurs de l'économie.

Pseudo-expert·e·s et fabriques
à penser conservatrices

Au regard du changement climatique, la principale stratégie adoptée par les fournisseurs d'énergie tels qu'ExxonMobil fut d'instiller le doute sur la pertinence d'une régulation environnementale, et ce, grâce à un feu nourri d'affirmations décousues : « La Terre ne se réchauffe pas le moins du monde. Et quand bien même, c'est peut-être une bonne nouvelle ? En tout cas, ce n'est pas la faute des humains, mais le résultat d'une activité solaire accrue. » Si on martèle ces idées pourtant erronées suffisamment longtemps, elles finissent par entrer dans la tête des gens.

À plus forte raison si elles ne sont pas énoncées par les entreprises elles-mêmes, mais par de soi-disant expert·e·s, rémunéré·e·s pour les diffuser. « Dans la bataille de l'opinion, la stratégie centrale des fabriques à penser conservatrices est de produire un flot ininterrompu d'écrits, de livres et d'articles de fond, associés à des prises de paroles régulières à la télévision et à la radio[7] », peut-on lire sous la plume de chercheurs de l'université de Floride centrale.

Depuis le début des années 1990, les fabriques à penser telles que l'Institut de l'entreprise américaine (American Enterprise Institute, AEI) ou l'Institut Heartland mènent la guerre aux efforts de protection du climat. Dans une campagne de publicité à la télévision, le premier affirmait que les glaciers s'étendaient au lieu de fondre et déclarait au sujet du dioxyde de carbone : « Ils disent que c'est la pollution. Nous disons que c'est la vie[8]. » Quant au second, il y a quelques années, il voulait faire disparaître le réchauffement climatique des programmes scolaires[9]. Il soutenait également que le réchauffement était naturel et comparait les climatologues à des meurtriers de masse[10].

Armées de millions de dollars en provenance des compagnies pétrolières et des fondations conservatrices, ces troupes de soldat·e·s du climato-scepticisme ont réussi à faire en sorte qu'un petit nombre d'« expert·e·s », en réalité souvent dépourvu·e·s de toute qualification dans ce domaine, bénéficient d'une attention disproportionnée. Pour donner de la situation une image parlante, c'est un peu comme si, dans le drame du changement climatique, nous avions affaire à des scénaristes et des réalisateur·rice·s qui propulsent sous les feux des projecteurs des pseudo-scientifiques et des politicien·ne·s conservateur·rice·s, tandis que le financement est assuré par les fabriques d'opinion assises dans le fauteuil du producteur ou de la productrice[11].

Dans le cas des États-Unis, les climato-sceptiques ne se limitent pas à quelques fêlé·e·s qui, par un hasard malheureux, siègeraient ces jours-ci au gouvernement. Ils représentent un mouvement bien plus large, et le débat ne se résume pas à une simple divergence entre une poignée de climatologues et un quarteron de réactionnaires. C'est un véritable choc des cultures qui divise les États-Unis[12]. Il n'y a pas d'endroit au monde où les climato-sceptiques soient plus virulent·e·s. Il·elle·s sont profondément implanté·e·s dans le mouvement conservateur, qui a émergé à la fin des années 1960 en riposte aux mouvements pour la paix et les droits civiques, et se positionne aujourd'hui avant tout contre le droit à l'avortement, la régulation du port d'armes et l'État providence. L'opposition aux lois environnementales à l'échelle nationale, et aux mesures de régulation du climat à l'échelle planétaire, s'insère sans peine dans ce programme. Ce qui se cache derrière ces positions, c'est la peur que l'État s'immisce dans la vie privée, que les États-Unis perdent leur souveraineté et leur puissance économique, et plus globalement que les pays de l'hémisphère nord soient déchus de leur position avantageuse dans la répartition mondiale du pouvoir et des richesses.

Si une part substantielle de la population états-unienne, à l'instar d'autres pays, réfute les données basales de la climatologie, c'est parce que ces informations entrent en contradiction avec leur vision du monde et leurs croyances conservatrices. C'est du moins ce qu'explique Stephan Lewandowsky[13], un psychologue de l'université de Bristol qui étudie le phénomène depuis plusieurs années. Il voit dans la négation de ces faits – pourtant attestés par la climatologie – un mécanisme de défense du cerveau pour préserver sa propre identité.

Après la formation du GIEC en 1988 et le sommet de la Terre à Rio en 1992, au moment où la protection de l'environnement devenait une préoccupation mondiale, le mouvement conservateur a mis en place une vaste contre-offensive, avec la climatologie comme cible n° 1. « L'attitude de scepticisme est fortement liée à un conservatisme idéologique et aux intérêts économiques qu'il représente », affirme ce chercheur australien qui a également enseigné aux États-Unis[14].

D'autant que les manipulateurs·rice·s d'opinion tournent à leur profit la vertu principale des journalistes, qui font toujours place aux désaccords. Conséquence malheureuse, l'existence d'un changement climatique d'origine anthropique est considérée comme une opinion et non une réalité, ce qui donne aux climato-sceptiques une tribune dont ils ne devraient pas bénéficier, compte tenu de leur position extrêmement marginale.

Le doute s'est immiscé jusque dans les médias établis et plutôt marqués à gauche, surtout après la crise financière de 2009, quand de nombreux·ses journalistes, en particulier des rédacteur·rice·s scientifiques, se sont retrouvé·e·s sur le carreau. Ce fut le cas chez CNN, où les sujets en lien avec le climat incombèrent du jour au lendemain au présentateur météo Chad Myers. En décembre 2008, ce dernier déclarait : « Vous savez, il serait assez présomptueux de penser que nous pourrions avoir une influence sur le temps qu'il fait[15]. »

Toujours est-il que cette situation n'est pas l'apanage des États-Unis. En Grande-Bretagne par exemple, on s'est mis à réunir de plus en plus souvent sur un même plateau scientifiques renommé·e·s et climato-sceptiques dont la seule opinion tenait lieu de qualification. Il a fallu attendre jusqu'en 2018 pour que la BBC se fasse retoquer, après avoir offert une énième tribune à Nigel Lawson, un climato-négationniste notoire, sans opposer la moindre contradiction à ses mensonges sur le changement climatique, ni préciser que ce n'est absolument pas son domaine de compétence[16]. Autant de fautes déontologiques qui contrarient le principe élémentaire de toujours présenter les informations, quelle qu'en soit la forme, avec prudence et sans parti pris.

En Allemagne aussi, il arrive que les médias se laissent aller à diffuser le doute. Ainsi, après la parution du livre *Die kalte Sonne* (« le soleil froid »), de Fritz Vahrenholt (ancien sénateur à l'environnement de la ville de Hambourg), le quotidien *Bild* publiait un article intitulé « Le mensonge du CO_2 ». Et ce n'est pas un cas isolé.

Mais après quelques années, les défenseurs de la biosphère et les climatologues ont appris à percer le front uni des multinationales de l'énergie. *Bad buzz* et appels au boycott ont ainsi fini par convaincre plus d'un manager de s'intéresser à la protection de l'environnement et du climat. Pour cela, il fallait s'en prendre à la ressource la plus précieuse de ces entreprises : la confiance du public. Quand l'image des multinationales est écornée, leurs affaires s'en ressentent, ce qui émousse leur capacité à faire pression en politique.

Cependant, alors que des entreprises telles que BP ou Shell se dissociaient du cercle des climato-sceptiques à la suite du protocole de Kyoto en 1997, en investissant des millions dans les énergies vertes et en s'engageant à faire baisser leurs émissions, Exxon refusait tout changement de ses pratiques, forçant même le président George W. Bush à tourner le dos au protocole de Kyoto, ainsi que l'a révélé une fuite de documents internes au gouvernement[17]. Ce n'est donc pas sans raison que le prix Nobel d'économie Paul Krugman qualifiait ExxonMobil d'« ennemi de la planète » dans les colonnes du *New York Times*, il y a quelques années[18].

Entre-temps toutefois, ce géant du pétrole a lui aussi revu sa feuille de route, quoiqu'avec un peu de retard et sous la pression du public et de ses actionnaires. En 2006, quand Rex Tillerson accéda à la présidence de la société, il décida de supprimer les subventions en direction des fabriques à penser climato-sceptiques, investit dans des projets d'énergie renouvelable et s'exprima en faveur d'une taxe carbone.

Grâce à cette réorientation (essentiellement cosmétique), le groupe pétrolier put sortir de la ligne de mire du mouvement international pour l'environnement et ainsi garder voix au chapitre dans la prise de mesures de protection du climat, voire ajuster ces dernières aux besoins de l'entreprise.

Les majors de l'énergie ont donc pris leurs distances (du moins officiellement) avec la ligne offensive des fabriques à penser conservatrices, qui continuent pour leur part à entretenir la controverse. Cela explique pourquoi, durant son bref mandat de ministre des Affaires étrangères de Donald Trump, Rex Tillerson fut l'un des seuls de son gouvernement à prôner le maintien des États-Unis dans le cadre de l'accord de Paris sur le climat.

Pour dire les choses clairement : le monde a besoin d'énergie. Pendant encore un certain temps, il nous sera impossible de nous affranchir du pétrole et du gaz (en plus du nucléaire). Néanmoins, selon le pronostic de l'Agence internationale de l'énergie, l'équation est simple : pour contenir le réchauffement à 2 °C, et donc éviter que le climat se dérègle au point que nous ne puissions plus nous adapter au changement, nous ne devrions pas extraire ni consommer plus d'un tiers des gisements d'énergies fossiles connus d'ici 2050[19]. Dans le cadre de l'accord de Paris, tous les États du monde se sont engagés à ramener à zéro leurs émissions de gaz à effet de serre au cours de la seconde moitié du XXIe siècle[20].

Mais la sphère climato-sceptique américaine ne s'est pas privée d'exporter le doute vers des pays comme l'Allemagne. Lors de son congrès annuel, le 9 novembre 2017 à l'hôtel Nikko de Düsseldorf, l'organisation climato-sceptique EIKE (Europäisches Institut für Klima & Energie) invita l'un des agents de la manipulation de l'information les plus virulents : Marc Morano, spécialiste des relations publiques et ancien attaché de presse de James Inhofe quand ce dernier dirigeait la commission environnement au Congrès. Morano travaille actuellement pour le Committee for a Constructive Tomorrow (CFACT), l'une des fabriques à penser climato-sceptiques de Washington, qui soutient une filiale à Iéna, dans le Land allemand de Thuringe. Lors de ce rassemblement à Düsseldorf, Morano déclara fièrement, sous les applaudissements de l'auditoire, que les États-Unis étaient le seul pays du monde à avoir su dire non au « pacte de sorcellerie » des Nations unies.

L'EIKE est également soutenu par des politicien·ne·s de partis établis, entre autres le sénateur* de Hambourg à l'environnement Fritz Vahrenholt, ancien employé de Shell et du conglomérat allemand RWE**. En Allemagne, les climato-sceptiques ne gonflent pas uniquement les rangs de l'extrême droite populiste de l'AfD, leurs idées percent jusque chez les chrétiens-démocrates de la CDU. L'aile droite du mouvement, organisée depuis 2012 en « cercle de Berlin » (Berliner Kreis in der Union), déclarait en juin 2017, dans les salles du groupe

---

* NDLT : De même que Berlin et Brême, Hambourg est une cité-État, dont le conseil municipal est dénommé « sénat ». Les « sénateurs » sont en fait les ministres, chargés de l'exécutif, de ces villes.
** NDLT : RWE est en Allemagne le deuxième producteur d'électricité, essentiellement à base de charbon. En 2014, à cause des émissions de CO_2 de ses unités de production, RWE s'est classé à la première place des pollueurs européens.

parlementaire au Reichstag, que les causes du changement climatique n'étaient pas encore établies, mais que le « rôle exclusif des gaz à effet de serre » était peu vraisemblable[21]. Selon cette fraction du parti, réunie autour des député·e·s de la CDU Sylvia Pantel et Philipp Lengsfeld, l'effet de serre ne serait qu'un facteur parmi d'autres, tels que l'activité solaire, la position de la Terre par rapport au soleil, les éruptions volcaniques et les collisions avec des météorites. Et surtout, les conséquences du dérèglement climatique seraient « tout sauf prouvées ». Ce qui n'est pas sans rappeler le discours que tenaient autrefois les conglomérats allemands de l'énergie. En 2006 encore, lors d'un procès qui l'opposait à Greenpeace, RWE décrivait le changement climatique comme « la perception subjective d'un danger supposé, ni concret ni présent »[22].

À l'heure actuelle, les dirigeant·e·s des entreprises d'énergie ont changé de discours, sans pour autant abandonner leur modèle de société. Il·elle·s s'y prennent juste de façon un peu plus subtile, en parlant beaucoup moins du climat et bien plus de bassins d'emploi et de pôles économiques. Avec un brillant succès, puisque les mines de charbon continuent à tourner presque comme avant en Allemagne, en dépit de l'*Energiewende**, la transition énergétique officiellement amorcée. Pourtant, l'extraction du charbon ne représente plus que quelques dizaines de milliers d'emplois – certes, chacun d'entre eux a son importance, mais est-ce une raison pour laisser le climat s'emballer ? Et rend-on vraiment service aux mineurs en laissant planer l'incertitude sur leur avenir ? Car personne n'évoque frontalement la disparition inéluctable de leurs postes à plus ou moins court terme. Début 2019, après des années d'attentisme, une commission sur le charbon a enfin proposé

* NDLT : *Energiewende* : transition énergétique planifiée fin 2010 par le gouvernement allemand, selon un programme qui prévoit la sortie du nucléaire en 2022 et une réduction de 80 à 95 % des gaz à effet de serre en 2050 (par rapport à 1990) ainsi que le recours à 60 % d'énergies renouvelables d'ici 2050.

un plan, selon lequel la dernière centrale à charbon devait être mise hors circuit au plus tard en 2038.

Après avoir longtemps réussi à empêcher que la population ne soit sérieusement confrontée aux dangers bien réels du changement climatique, les producteurs d'énergie et les conservateurs climato-sceptiques pourraient commencer à percevoir les limites de leur stratégie. Tout simplement à cause de la météo.

Tant que le changement climatique était appréhendé comme un phénomène abstrait, il était facile, à coup de fausses informations, de dénigrer la climatologie et d'empêcher la mise en place de lois de protection du climat. À présent, on ne peut plus ignorer que quelque chose est en train de muer sur notre planète. Les conséquences du réchauffement climatique sont désormais visibles et sensibles : canicules, inondations et sécheresses privent les gens de leur maison, de leur travail, de leur vie. Non seulement dans les pays en développement, en Afrique et en Asie, mais aussi dans les États industrialisés, en Amérique et en Europe. Et dans chaque pays, ce sont les plus pauvres qui souffrent le plus, car il·elle·s vivent là où les logements sont les moins coûteux et fatalement les moins bien protégés.

Il n'est plus possible de nier les effets du changement climatique sur la météo. En revanche, le fait que l'on puisse démontrer son influence sur chaque événement météorologique est tout récent et plus difficile à prouver que le changement lui-même. C'est pourquoi la météo est devenue une arène dans laquelle des groupes aux intérêts divergents s'affrontent par procuration. C'est une guerre dans laquelle fournisseurs d'énergie et mouvements conservateurs promeuvent leurs alliés en politique – de même que les écologistes dans le camp adverse. Chaque ouragan, chaque vague de chaleur sert aujourd'hui de décor à leurs affrontements, et les scénarios développés par les deux camps rejoignent souvent des extrêmes opposés, le rôle du changement climatique étant, selon le cas, massivement sous- ou surévalué.

Les climatologues
sous les feux de la critique

Jusqu'à maintenant, les grand·e·s absent·e·s de ce combat étaient – singulièrement – les climatologues. Pendant des années, les conglomérats de l'énergie fossile et les climato-sceptiques ont dû se frotter les mains, car les autorités savantes les plus susceptibles de leur causer des ennuis dans le débat sur l'interprétation des cyclones, canicules et inondations… se muselaient elles-mêmes. À ce qu'il paraît, la météo n'entrait pas dans leurs attributions.

Une telle prudence s'explique aisément. Aux États-Unis, les climatologues étaient personnellement pris·es à partie, agressé·e·s et discrédité·e·s dans les médias. À ce jour encore, James Inhofe, républicain de l'Oklahoma de 83 ans, qui depuis 2003 dirige (avec quelques interruptions) la commission environnement du Sénat américain, invite régulièrement des climatologues pour les confronter à des pseudo-expert·e·s qui nient en bloc l'existence d'un réchauffement climatique d'origine anthropique. En guise de témoin à charge contre la climatologie, Inhofe est allé jusqu'à convoquer devant cette commission… l'auteur de science-fiction Michael Crichton*.

La cabale contre les climatologues atteint son paroxysme en novembre 2009, quand un groupe anonyme réussit à pirater le

---

* NDLT : Auteur entre autres de *Jurassic Park* et d'*État d'urgence*, thriller dans lequel des écoterroristes menacent la planète pour faire triompher leur cause (le combat contre le changement climatique) en espérant qu'elle leur rapportera gros. De nombreux graphes, notes et annexes complètent le roman, selon un procédé classique chez Crichton, lui donnant ainsi l'apparence de la novélisation de faits politiques et scientifiques réels.

serveur informatique de l'université d'East Anglia et à publier en ligne plus d'un millier de courriels privés et autant de documents appartenant à des chercheur·euse·s. Par la citation d'extraits sortis de leur contexte, les auteurs de cette action espéraient bien créer un scandale en laissant à penser que les scientifiques exagéraient et dramatisaient le changement climatique. L'affaire fut même baptisée *Climategate* par les médias.

Les scientifiques furent ensuite disculpé·e·s par différentes institutions, qui attestèrent qu'aucune faute de procédure scientifique n'était à déplorer. Hélas, le mal était fait – juste avant la conférence mondiale pour le climat de Copenhague, qui aurait dû aboutir à un accord international, mais se solda par un échec retentissant.

Par la suite, de nombreux·ses climatologues américain·e·s ont pris l'habitude de s'autocensurer et de peser chacun de leurs mots. Il a fallu attendre ma génération de scientifiques, qui ne connaît le *Climategate* que par les journaux et les récits des collègues plus âgé·e·s, pour que la climatologie retrouve des relations plus détendues avec les journalistes et l'opinion publique. À quelques exceptions près, bien sûr !

À ce jour encore, plusieurs climatologues se contentent de relayer les déclarations du GIEC quand il·elle·s sont amené·e·s à s'exprimer en public... ce qu'il·elle·s évitent dans la mesure du possible, préférant confiner le débat à l'espace sécurisé (car invisible des profanes) des revues académiques. Il y a une bonne raison à cela : le GIEC a réussi à accomplir ce que la sphère climato-sceptique a longtemps essayé d'empêcher par de gros moyens financiers. Depuis sa fondation en 1988, ce Groupe intergouvernemental sur l'évolution du climat publie régulièrement des comptes-rendus de l'avancement de la recherche sur le changement climatique : causes, conséquences et solutions possibles. Il est important de souligner que les contributeur·rice·s du GIEC sont tou·te·s des scientifiques, qui ne perçoivent aucune rémunération pour rédiger ces rapports et ne reprennent que des affirmations étayées par des études publiées dans des revues spécialisées, et dont les résultats sont convergents. Quand les résultats divergent, il·elle·s en rendent également compte dans leurs rapports. Ce qui différencie les rapports du GIEC des autres articles sur le climat planétaire, c'est qu'ils doivent être vérifiés par les représentant·e·s des gouvernements de chacun des 195 États membres du groupe, puis validés en commission avant d'être publiés. Les résultats fournis par ces rapports sont donc scientifiquement aussi fiables que possible, afin de proposer aux représentant·e·s des gouvernements une base solide pour prendre des décisions. Mais le plus important est que le GIEC est apolitique et ne formule aucune proposition politique concrète dans ses rapports. Il s'agit d'un organisme unique au monde, qui représente la science, tout en se plaçant au-dessus d'elle. Il existe donc de très bonnes raisons de se fier à ses déclarations.

Malheureusement, il faut compter environ cinq ans entre l'annonce des thèmes abordés et la finalisation d'un rapport. C'est pourquoi le GIEC ne pourra jamais s'exprimer sur un événement météorologique isolé, ce qui incite les scientifiques à rester d'autant plus prudent·e·s au sujet de la météo.

Pourtant, les choses ont commencé à changer. Le dernier rapport de cet organisme, datant de 2013, affirmait pour la première fois qu'il est désormais possible d'attribuer tel ou tel phénomène au changement climatique. Dans l'accord de Paris de 2015, tous les pays du monde ont même reconnu que le changement climatique avait déjà provoqué d'importants dommages, causés essentiellement, selon les publications spécialisées, par des conditions météo extrêmes.

C'est pourquoi notre équipe souhaite désormais sortir la climatologie de sa posture défensive et la faire passer à l'attaque. Nous sommes capables d'indiquer où et dans quelle mesure le dérèglement climatique intervient dans le temps qu'il fait.

Cela nous donne de solides arguments face aux colosses de l'énergie et aux bataillons du scepticisme.

Nous disposons déjà de tout un inventaire des gaz à effet de serre. Nous savons qui en a émis, quand et combien[23]. Cet inventaire des causes du changement climatique est mis à jour en permanence par les scientifiques. Nous pouvons ainsi effectuer un classement des pays, mais aussi des entreprises, en fonction de leur participation aux émissions globales de gaz à effet de serre. Nous connaissons également l'influence de ces émissions sur la température moyenne mondiale (que nous sommes capables de chiffrer très précisément). En revanche, pour ce qui est de nous exprimer sur les conséquences de ce même réchauffement, nous avons longtemps tourné autour du pot...

À présent, nous sommes en possession d'un faisceau de preuves suffisant pour contraindre les géants du pétrole à rendre des comptes et permettre que la charge occasionnée par le changement climatique soit équitablement répartie. Si nous sommes assez réactif·ive·s, nous pouvons nous inviter dans la discussion de tout événement climatique en cours. Or, pour passer à la vitesse supérieure dans cette guerre partisane qui se joue bien trop souvent sur un terrain aussi irrationnel qu'émotionnel, il n'y a rien de tel que les faits. Par leur évidence, ils recèlent une force politique explosive.

Jour 4

Il pleut. Une quantité d'eau inimaginable tombe sur la métropole texane, qui s'enfonce peu à peu dans les flots. Des quartiers entiers et des centaines de milliers de maisons sont noyés sous des torrents de boue. Dans toute l'histoire des États-Unis, il n'a jamais autant plu au cours d'une même tempête[24]. La station météorologique de Houston a mesuré 1 000 mm de précipitations en trois jours. À titre de comparaison, dans ma ville natale de Kiel (grand port de la mer Baltique pas franchement réputé pour son aridité), il pleut environ 700 mm… par an. Pour représenter correctement ces pluies, le Service météorologique national américain (National Weather Service, NWSO) a même dû ajouter de nouvelles couleurs à ses cartes, deux nuances de violet plus sombres[25].

On serait presque tenté de penser que c'est une force d'attraction magique qui a conduit ces nuages jusqu'ici, afin d'attirer l'attention du monde entier sur ce lieu, où il y a plus de cent ans est née l'histoire du forage pétrolier aux États-Unis[26] et sous le sol duquel gît l'une des plus grandes réserves de pétrole de la planète.

Au début du XXᵉ siècle, à 200 km à peine à l'est de Houston, l'ingénieur d'origine autrichienne Anthony Francis Lucas se tenait au sommet d'une colline. À l'aide d'une machine à vapeur, il injectait de la boue dans le sol afin d'en extraire l'or noir qu'il espérait y trouver. Personne n'y croyait, du moins jusqu'au 10 janvier 1901, date à laquelle une explosion secoua soudain le puits de forage, suivie quelques minutes plus tard par un torrent de boue, puis un geyser noir verdâtre de 50 m de haut.

La découverte du plus gros gisement de pétrole des États-Unis annonçait une ère nouvelle. La production de cette huile minérale connut une croissance exponentielle dans le pays, avec pour centre névralgique la côte du golfe du Mexique. Peu de temps après, 285 derricks se dressaient sur la colline texane du nom de Spindletop, où se pressaient un grand nombre de compagnies pétrolières. L'une d'entre elles était la Humble Oil & Refining Company, renommée aujourd'hui ExxonMobil.

Quel symbole ce serait, si nous constations que le changement climatique est essentiellement à l'origine de ce déluge sur Houston ! Juste à côté du lieu de naissance du plus gros conglomérat pétrolier de toute l'histoire, la compagnie qui, plus que toute autre, a œuvré au sabotage des mesures de protection du climat. Quel enchaînement spectaculaire de causes et de conséquences !

Et puisqu'il pleut toujours sur Houston, nous ne pouvons pas encore dire s'il s'agit de l'inondation du siècle ou de la tempête du millénaire. Pour établir des chiffres exacts, sans nous reposer sur les prévisions, nous devons attendre la fin de l'événement. Pour autant, nous ne restons pas les bras croisés et cherchons des modèles informatiques capables de représenter les précipitations sur la zone concernée. J'attends toujours une réponse à mon courriel adressé à notre collègue mexicaine, et nous espérons également l'autorisation d'utiliser le programme du Laboratoire de dynamique des fluides géophysiques de l'université de Princeton. Par chance, nous avons testé avec succès le seul modèle dont nous disposions dans l'immédiat. Il ne nous en manque plus qu'un deuxième pour être fin prêt·e·s à commencer notre étude.

Alors que nous ne pouvons pas encore dire si le changement climatique est en partie responsable des pluies diluviennes qui s'abattent sur Houston, ExxonMobil passe à l'offensive. Darren Woods, le PDG de l'entreprise, annonce un don d'un million de dollars à la Croix Rouge pour soutenir l'organisation des secours dans la ville et les localités côtières. « Nos pensées et nos prières vont aux habitant·e·s des côtes du Texas et de la Louisiane, qui se trouvent en ce moment sur la trajectoire de Harvey », déclare l'entreprise dans un communiqué de presse. « Nous espérons que cette contribution aidera nos ami·e·s et voisin·e·s, et apportera un peu de réconfort à toutes les personnes touchées par la tempête[27]. »

Simultanément, l'Institut Heartland (la désormais célèbre fabrique à penser climato-sceptique, longtemps financée par ExxonMobil) publie sur Twitter : « Bien que douze années se soient écoulées depuis le dernier grand ouragan aux États-Unis,

Harvey est réinterprété de manière fantaisiste, dans le monde étrange des adeptes du culte du changement climatique, pour "prouver" que ce dernier entraîne de terribles conséquences, une théorie que l'état actuel de la connaissance scientifique ne permet pas de confirmer. »

Et l'Institut de poursuivre : « Les faits ne se laissent pas balayer par l'alarmisme du changement climatique, et nous continuerons à lutter pour la vérité au cours des mois à venir. Mais ce week-end, notre attention et nos prières sont tournées vers la population du Texas[28]. »

De leur côté, les médias n'abordent quasiment pas la question du dérèglement climatique. Quelques jours plus tard, une analyse de l'ONG Media Matters for America montrera que deux des trois plus grands réseaux de télévision, ABC et NBC, le passent complètement sous silence[29]. Seul CBS évoque un lien possible entre Harvey et le réchauffement planétaire. Les climatologues interviewé·e·s par la chaîne expliquent que les mers se réchauffent et attisent de fait la puissance des ouragans tels que Harvey ; il·elle·s ajoutent que par ailleurs l'humidité de l'air augmente elle aussi, ce qui peut entraîner de plus amples précipitations.

Quelques spécialistes du sujet font déjà ce constat. « Nous sommes en présence de facteurs conditionnés par le changement climatique, qui ont très probablement aggravé l'inondation », déclare Michael Mann, de l'université de Pennsylvanie. « Harvey a très certainement été plus violent qu'il ne l'aurait été sans l'influence du réchauffement climatique anthropogénique, avec des vents plus forts, entraînant des dégâts plus importants et de plus vastes inondations[30]. »

On estime déjà les dommages occasionnés par Harvey à 190 milliards de dollars, ce qui ferait de lui la tempête la plus chère de l'histoire des États-Unis[31].

Mais est-ce le changement climatique qui a fait de lui une telle catastrophe ? Dès la première analyse des relevés effectués par les stations météorologiques, nous avons la certitude de nous trouver face à un événement vraiment exceptionnel. Au cours des cent dernières années, il n'a jamais autant plu dans la région sur une période aussi brève. À l'aide de nos modèles statistiques, nous pouvons déjà affirmer que la probabilité d'un événement d'une telle intensité est extrêmement faible, à savoir moins d'une fois tous les 9 000 ans.

Révolution en climatologie : remettre les choses à l'endroit

Figurez-vous que j'ai failli manquer l'un des rendez-vous les plus importants de toute ma carrière, un rendez-vous qui devait enfin mettre sur les rails notre projet d'attribution (d'événements extrêmes). Tout cela à cause d'un quiproquo affreusement banal.

Par un jour ensoleillé de décembre 2014, j'étais assise dans un Starbucks de San Francisco avec mon chef de l'époque, Myles Allen, et nous regardions tous deux par la fenêtre le côté gauche de la 4ᵉ Rue, qui se déroulait sous notre nez. Chacun de nous avait en main un gobelet de café qui commençait à refroidir… Heidi Cullen aurait déjà dû être là depuis une demi-heure. En nous annonçant qu'elle avait une proposition à nous soumettre, elle avait avivé notre curiosité. Nous avions donc quitté pour quelques heures la plus grande conférence internationale des sciences de la Terre et de la climatologie, à laquelle de nombreux·ses climatologues comme nous assistent chaque année.

Heidi n'appartient pas à ce groupe ni à la communauté des climatologues, mais elle est titulaire d'un doctorat en océanographie et a travaillé pour Climate Central à Princeton, une organisation d'intérêt général qui s'est assigné le but de fournir aux présentateur·rice·s de bulletins météorologiques des informations propres à éclairer le grand public. Comme à cette époque les climatologues évitaient soigneusement tout ce qui avait trait à la simple météo, il était logique que Heidi propose une rencontre à mon supérieur et qu'elle se déplace spécialement en Californie pour l'occasion.

En 2003, Myles publiait un article dans la revue scientifique *Nature*, dans lequel il décrivait pour la première fois comment l'on pouvait attribuer un événement météo au changement climatique. Ce qu'il mit en pratique l'année suivante en étudiant la canicule européenne de 2003 avec ses collègues du service britannique de météorologie. Il avait alors calculé que, sous l'influence du changement climatique, la probabilité d'une vague de chaleur de cette ampleur avait au moins doublé. Myles venait ainsi de mettre au point la méthode d'attribution d'événements météorologiques extrêmes, mais c'est Heidi qui devait nous aider à renverser complètement la science traditionnelle pour la remettre à l'endroit.

Tandis que nous nous demandions si nous devions partir ou commander un deuxième café, nous avons réalisé qu'il y avait un autre coffee-shop de la même chaîne juste en face du nôtre. Il nous a suffi de traverser la rue pour apercevoir la chevelure blonde de Heidi derrière la vitrine. La densité impressionnante des établissements de cette enseigne dans les villes américaines avait failli nous faire manquer cette rencontre initiale, fondatrice de notre branche de recherche !

En vraie Américaine, Heidi nous a littéralement charmés, ne tarissant pas d'éloges pour notre travail « révolutionnaire ». C'est alors qu'elle a posé la question décisive : *pouvions-nous envisager de travailler plus vite ?*

Naturellement, elle ne la formula pas exactement en ces termes, mais c'était en substance le fond de son propos.

Dans la mesure où sa mission consistait depuis des années à conseiller des présentateur·rice·s météo, elle connaissait leurs méthodes de travail sur le bout des doigts. Chaque pays possède son service météorologique. Des instituts privés vendent leurs prévisions aux chaînes de télévision et stations de radio, mais aussi à des compagnies d'assurances, des fournisseurs d'électricité et des fonds spéculatifs. Les bulletins météo sont publiés sans le moindre délai, en temps réel, et personne n'exige que chaque prévision fasse l'objet d'un examen préalable afin d'être validée scientifiquement. Contrairement aux résultats des recherches sur le climat, les prévisions météo n'entrent pas dans les prérogatives de la science. Car bien que les services de prévision météorologique et les climatologues utilisent les mêmes modèles, les premiers les appliquent à l'identique jour après jour, tandis que les second·e·s posent en permanence des questions très variées, recourent sans cesse à de nouvelles méthodes et trouvent toujours des réponses très différentes dans les détails. Bref, nous menons un travail de recherche fondamentale, alors que les prévisionnistes fournissent un service. Or ce jour-là, à San Francisco, Heidi nous a signifié qu'il serait possible de raccourcir quelque peu le long chemin menant de la recherche à l'application.

Alors que nous en étions à notre deuxième café, elle semblait très confiante dans le fait que nous pourrions adapter notre travail à l'agenda des journalistes, sans pour autant perdre le soutien de la communauté scientifique... ce qui allait se révéler être notre plus grand défi.

En ce jour de décembre, nous nous sommes laissé·e·s convaincre par l'idée de Heidi, celle de la *World Weather Attribution*, bien qu'il s'agisse d'une proposition en rupture totale avec la méthode de travail habituelle des scientifiques. Mais il faudrait encore un peu de temps avant que le projet ne porte ce nom et voie vraiment le jour.

Un principe fondamental
au banc d'essai

Comme nous l'avons vu, l'une des caractéristiques de la science est de se soumettre à la relecture par les pairs, qui consiste à faire valider les résultats d'une étude par des chercheur·euse·s indépendant·e·s du même domaine de recherche, et ce, avant toute publication dans un périodique spécialisé. Ce standard de la science est vieux de plusieurs siècles. Il remonte précisément au 5 janvier 1665, date à laquelle paraît en France la première revue scientifique, intitulée *Le Journal des sçavans*. Sur douze pages, on trouvait à la fois des critiques littéraires et des actualités scientifiques. Le premier numéro contenait ainsi un article sur le *Traité de l'homme* de René Descartes.

Bien entendu, la relecture par les pairs n'empêche pas sans coup férir les faux résultats, les méthodes défaillantes et les conclusions erronées, mais c'est tout de même un bon moyen d'éviter la charlatanerie, et cela a permis l'émergence de la recherche moderne. En ce sens, le *peer-review* est une règle incroyablement importante, mais aussi excessivement chronophage.

En temps normal, un an s'écoule entre la remise d'une étude et sa parution dans une revue. Si nous publions une étude d'attribution dans le cadre scientifique habituel, le public devra donc attendre une année entière, après une canicule meurtrière et dramatique pour l'agriculture, pour savoir si le changement climatique a contribué à la catastrophe – et si oui, dans quelles proportions. À ce moment-là, l'été suivant sera déjà terminé, qui aura pu être frais et pluvieux, ou encore plus chaud que le précédent. Un ouragan à l'autre bout du monde aura pu tout autant mobiliser l'attention générale. Dans tous les cas, personne ne s'intéressera plus à la canicule de l'année d'avant.

Pire encore : un an sera passé sans que l'on puisse mettre nos découvertes à profit. Car il n'est pas anodin de savoir si cette canicule était une manifestation isolée ou si elle se reproduira de plus en plus souvent à cause du changement climatique. Dans ce dernier cas, il est vital que villes et villages puissent se préparer. Les autorités municipales pourront ainsi informer la population des lieux où il est possible de se rafraîchir, trouver des fontaines à eau, etc.

Plus tôt nous pourrons apporter nos réponses au grand public, plus vite et mieux nous pourrons agir. L'idée de Heidi équivalait à une petite révolution.

Myles s'est immédiatement montré enthousiasmé par cette perspective, qui ne semblait pas l'effrayer le moins du monde. Il avait plusieurs fois fait la une des deux revues scientifiques les plus reconnues, *Nature* et *Science*, avec des recherches alternatives, voire iconoclastes. Mais moi qui commençais tout juste ma carrière, je n'avais pas encore compris alors que l'idée de la *World Weather Attribution* était bien plus qu'un nouveau projet passionnant... En 2012 et 2013, tandis que Myles s'était engagé dans d'autres chantiers, j'avais travaillé pour lui au titre d'assistante scientifique, avec pour mission de tester et d'affiner notre méthodologie concernant divers types d'événements et différentes zones du globe.

Mon occupation principale ? À première vue, on peut se dire que cela n'aidait pas vraiment notre toute jeune discipline à se développer, puisqu'il s'agissait de dénicher et mettre au jour les incertitudes dans nos méthodes. Car si les données météo incluent leur part d'approximation, c'est encore plus vrai de nos modèles climatiques ; d'une part parce qu'ils sont une version simplifiée des systèmes climatiques réels, et d'autre part parce que nous ne pouvons simuler qu'un nombre limité d'événements météorologiques. Or, moins nous disposons de simulations, plus la marge d'incertitude est grande. Et il existe naturellement moins de simulations pour les événements rares. Ceux qui nous intéressent évidemment !

Même si cela semble compliquer inutilement les résultats scientifiques, il est primordial de pointer ces incertitudes. Par exemple, imaginons qu'une étude aboutisse à la conclusion que boire au moins quatre cafés par jour rallonge de deux ans l'espérance de vie. Voilà qui semble plutôt positif. Mais si l'étude n'a porté que sur très peu de gens, cette moyenne de deux ans de vie supplémentaire peut cacher le fait qu'un sujet vive trois ans de moins et un autre sept de plus. Ou alors que l'un vive un an de plus et un autre trois. Les deux cas de figure conduisent à la même moyenne, mais les conclusions à en tirer sont radicalement différentes. Dans le premier cas, on note la possibilité que boire beaucoup de café augmente l'espérance de vie, mais que ce n'est pas systématique. La seconde étude, en revanche, peut parvenir à la démonstration que cette habitude allonge l'espérance de vie d'au moins un an. L'évaluation et la quantification de ces incertitudes représentent donc une étape importante de toute recherche scientifique. Comme j'en étais encore à développer sur ce point une procédure standard appliquée à notre méthode, nos premières études étaient un peu chaotiques. Néanmoins, notre degré de précision s'affinait au fur et à mesure.

Parallèlement, notre groupe s'étoffait. Au début, nous n'étions que quelques scientifiques à nous intéresser à l'attribution des événements météo. Nous comptions parmi nous à la fois des chercheur·euse·s renommé·e·s tel·le·s que Myles, et des nouveaux·elles venu·e·s tel·le·s que moi-même et Andrew King de l'université de Melbourne. Nous formions un groupe soudé, certes petit, mais qui a toujours fait plus de bruit que la plupart des autres climatologues. Entre-temps, il a bien grandi, et nous continuons à nous rencontrer de façon informelle une fois par an, en dehors des grandes conférences, pour échanger à bâtons rompus et inventer de nouvelles méthodes. Il n'y a pas d'ordre du jour, pas de rapport final, juste un cénacle de vingt à trente scientifiques qui se chamaillent dans une ambiance bon enfant pour savoir quelles sont les meilleures méthodes statistiques, mais également pour déterminer dans quelle mesure nous devrions publier nos résultats, et surtout à quel moment. Car si l'ensemble du groupe se passionne pour l'attribution, notre équipe de la *World Weather Attribution* y occupe une position plutôt marginale, considérant que nous sommes les seul·e·s à publier nos résultats aussitôt après calcul.

Cependant, Myles venait de se désengager. Fidèle à lui-même, il m'annonça la nouvelle en me croisant par hasard dans l'escalier de notre institut, de retour à Oxford après notre rencontre avec Heidi. Il m'indiqua ne pas avoir l'intention de participer à ce nouveau projet et encore moins de le diriger. Il prenait pour acquis que j'allais m'en charger…

Pour moi, c'était un saut dans le vide ! En y repensant toutefois, je me suis dit que même sans Myles, nous avions encore assez de têtes de bois dans le projet. Et pour la scientifique débutante que j'étais, c'était une chance inespérée de mettre au point et décider de l'ensemble de mes processus de recherche, et de répondre aux questions *quoi ? quand ? comment ?*

Au cours des six mois suivants, notre équipe fondatrice s'est activée pour établir des budgets prévisionnels, effectuer des demandes de financements et prendre sous sa houlette des postdoctorant·e·s afin qu'il·elle·s testent et analysent différents modèles climatiques. Tout cela en parallèle de nos projets de recherche en cours. En outre, nous avons réuni un conseil scientifique de plusieurs climatologues réputé·e·s, chargé d'évaluer notre travail une fois par an. Sans le soutien de la communauté scientifique, notre crédibilité auprès du public serait fragile.

La plupart des méthodes sur lesquelles s'appuient nos résultats, nous les avions développées avant de créer la *World Weather Attribution*. Elles ont été minutieusement décortiquées, et dans de nombreuses publications, par le processus de la relecture par les pairs… contrairement aux résultats obtenus sur des événements particuliers.

L'« événement Paris Hilton »

Au lendemain des premières analyses d'attribution d'un événement climatique (effectuées en 2004), il a fallu attendre sept ans avant que la complicité du changement climatique dans cette affaire ne soit établie. Ces études ont attiré l'attention des scientifiques, mais aussi celle du grand public. Hélas, les gros titres de la presse ne furent pas ceux que nous espérions.

En juillet 2010, une canicule s'abat sur l'ouest de la Russie. À Moscou, on enregistre jusqu'à 40 °C, les forêts et les tourbières des environs s'enflamment, et des centaines de personnes meurent des suites de la chaleur. Dans leur étude d'attribution, des chercheur·euse·s de Boulder, dans le Colorado, concluent que les causes de la canicule sont « en grande partie d'origine naturelle », tandis que dans une autre étude, des scientifiques de Potsdam prouvent (avec 80 % de certitude) que le record de chaleur n'aurait jamais été battu sans l'intervention du changement climatique. Les médias évoquent des « résultats contradictoires »[1].

J'ai alors passé les semaines suivantes à essayer de déterminer, à l'aide des méthodes que nous avions développées à Oxford, s'il s'agissait réellement d'une *contradiction*. Et si oui, laquelle des deux études avait raison. Le résultat fut accueilli de toute part comme une bonne surprise, puisque les deux groupes de chercheur·euse·s avaient raison ! Il·elle·s avaient simplement posé des questions différentes. Les un·e·s s'intéressaient au record de chaleur lui-même, c'est-à-dire à l'ampleur de la canicule, les autres à la probabilité que ce record soit battu.

Le changement climatique avait-il accru la probabilité de la canicule ? Très clairement, la réponse était oui, bien que d'un autre côté les hautes températures aient effectivement été suscitées par des conditions locales, et donc des causes *naturelles*.

Cette différence de formulation de la question, qui semblait un détail peu important à première vue, avait au bout du compte de lourdes conséquences sur le résultat. De cette expérience, nous avons appris que nous devions toujours être supérieurement vigilant·e·s et ne jamais cesser de nous interroger.

Après cette étude sur la canicule russe, la troisième à notre actif, plusieurs autres équipes de chercheur·euse·s se sont penché·e·s sur l'événement, ce qui lui valut dans le milieu scientifique le surnom de *Paris Hilton event*, du patronyme de cette personnalité médiatique, dont nul ne sait vraiment pourquoi elle est célèbre. Je reconnais que c'était assez méchant, aussi bien envers Paris Hilton qu'envers les victimes de la vague de chaleur.

Au moins, toutes ces études réunies étaient-elles parvenues à élever l'attribution des événements météorologiques au rang de branche indépendante (aussi petite soit-elle) de la climatologie.

La discipline bénéficia d'un soutien officiel fin 2012, lorsque le renommé *Bulletin of the American Meteorological Society* publia un numéro spécial contenant six études d'attribution portant sur des événements extrêmes de l'année passée. Par la suite, un tel hors-série fut publié tous les ans – avec un nombre toujours croissant d'études et de contributeur·rice·s. En 2012, deux des six études s'intéressaient à l'hiver relativement chaud qu'avait connu l'Angleterre l'année précédente...

En 2014, au moment de notre rencontre avec Heidi, nous avions déjà à notre actif des publications un peu plus significatives que des constats du type « les étés ont tendance à se réchauffer en Grande-Bretagne ». Nous avions notamment publié tout un sous-chapitre dans ce fameux cinquième rapport du GIEC l'année précédente, autant dire le top du top en termes de relecture par les pairs*.

Si les auteur·rice·s du GIEC (en anglais *IPCC : Intergovernmental Panel on Climate Change*) sont eux·elles-mêmes des scientifiques, les rapports ne présentent pas leurs dernières recherches, mais des travaux déjà parus dans les revues spécialisées, et dont les résultats et méthodes ont déjà été confirmés par plusieurs études. Outre ces scientifiques, des représentant·e·s de tous les gouvernements valident les rapports. On ne peut pas imaginer mieux en termes de contrôle qualité !

Cependant, un certain nombre de scientifiques nous ont taxé·e·s de naïveté, voire d'orgueil démesuré, quand nous avons développé notre plan visant à délivrer en l'espace de quelques jours des études fiables sur le rôle du changement climatique dans les événements météo extrêmes en n'importe quel endroit du globe. D'autant que les brefs délais que nous ambitionnions impliquaient de contourner la si précieuse relecture par les pairs. C'était un peu comme si, deux ans à peine après l'invention de l'ampoule à incandescence, on annonçait l'installation de l'éclairage électrique dans toutes les rues – avant de savoir en organiser la production de masse. Il n'est donc pas très étonnant que certain·e·s de nos collègues aient douté de nos facultés mentales.

---

* NDLT : Il s'agit du sous-chapitre 10.6 dans le chapitre 10 (« Detection and attribution of climate change : From global to regional »), du rapport du GIEC de 2013 (IPCC AR5 WG), dans lequel la méthode est exposée et présentée comme une façon nouvelle et importante d'expliquer certains événements météorologiques. Cf. https://archive.ipcc.ch/report/ar5/wg1/mindex.shtml

Le premier et le deuxième cas :
Europe 2015

Au début de l'été 2015, nous étions enfin prêt·e·s à nous mettre au travail (du moins, nous le pensions). Il ne nous manquait plus qu'un événement extrême à analyser. La canicule qui sévit au mois de mai en Inde et coûta la vie à de très nombreuses personnes était survenue trop tôt pour nous. Il nous fallait quelque chose de plus simple pour nous exercer.

L'attente fut de courte durée. En juillet, le mercure grimpa nettement au-dessus de 30 °C dans une large partie de l'Europe de l'Ouest. La canicule s'installa pour de bon et nous offrit notre premier cas. Même à Oxford, il faisait tellement chaud que l'on commença à se disputer pour les quelques ventilateurs disponibles dans notre institut, au point qu'il fallut instaurer un planning de leur utilisation.

C'est en tout cas ce que l'on m'a raconté, car j'assistais à ce moment-là à une conférence à Paris. Heidi y était également. Loin d'Oxford, les conditions n'étaient pas optimales pour lancer notre étude, mais nous ne voulions pas laisser passer notre chance.

À Paris, la chaleur était extrême et la canicule semblait partie pour jouer les prolongations. Faute de relevés de température suffisants, nous allions devoir nous reposer essentiellement sur les prévisions. C'est pourquoi nous avons décidé de nous concentrer sur plusieurs villes dispersées – Mannheim, Paris, Madrid, Zurich et De Bilt, près d'Utrecht –, plutôt que sur toute une région. Attendu que De Bilt abrite le siège des services météorologiques des Pays-Bas, elle est particulièrement bien pourvue en données météo.

Les gens commencent à souffrir de la chaleur quand elle persiste au moins trois jours d'affilée. C'est pourquoi nous nous concentrons sur les trois jours les plus chauds de chaque lieu. Les 1er et 2 juillet, mes collègues et moi restons dans notre chambre d'hôtel pour nous connecter au serveur d'Oxford. Nous passons la journée à effectuer des calculs, et la nuit à échanger des e-mails afin de nous assurer que nous avons correctement analysé les données. Au terme de 36 heures déjà, nous sommes en mesure de rédiger un petit compte-rendu de nos premiers résultats. Après une nuit sans sommeil et deux journées de sueur, nous tenons enfin entre nos mains la première étude d'attribution en temps réel !

Pour la première fois au monde, nous disposons de données scientifiques sur le poids du changement climatique dans un événement météo, alors qu'il est encore en cours. Le lendemain matin, nous publions un communiqué de presse ainsi que notre bref compte-rendu. Ce dernier révèle qu'à De Bilt, le risque de connaître une telle vague de chaleur est multiplié par deux en raison du changement climatique, et par six à Madrid. Les résultats pour les autres villes s'échelonnent entre ces deux valeurs. Naturellement, nous espérions que notre communiqué de presse ferait l'effet d'une bombe.

Mais le jour suivant, en consultant les sites Internet du *Guardian*, de la BBC et du *New York Times*... rien ! Seule une poignée de médias spécialisés s'étaient saisis de nos résultats.

A posteriori, c'était sans doute mieux ainsi, car la suite révéla qu'avec ses 38 °C, Mannheim s'était carrément réchauffée de 1 °C degré de plus que prévu. Nous avions donc livré les résultats de prévisions qui ne s'étaient pas vérifiées. De retour à Oxford, nous avons tout recalculé et trouvé, pour cette ville du Bade-Wurtemberg, une augmentation de 500 % de la probabilité d'une telle canicule, contre 200 % *seulement* dans la première étude. Si notre grande étude inaugurale avait trouvé l'écho attendu, on aurait pu nous le reprocher...

Cette expérience nous aura au moins appris qu'il est indispensable d'attendre que l'événement étudié soit totalement terminé, du moins quand il évolue rapidement, comme c'est le cas des canicules, des chutes de pluie et des ouragans. De plus, la rédaction simultanée d'un article dans lequel les méthodes, les relevés et tous les détails sont explicitement décrits nous facilite beaucoup la tâche. Y compris quand nous ne souhaitons pas transmettre cet article à une revue scientifique, mais le publier directement nous-mêmes. Le document est plutôt ennuyeux à lire, sachant que le moindre élément est indispensable pour reproduire l'analyse ou comprendre clairement le chemin emprunté par les collègues afin d'obtenir leurs résultats. Nous avons aussi tiré de cette expérience une autre leçon très importante : la tâche est incroyablement plus facile quand les participant·e·s s'apprécient mutuellement et sont capables de supporter une certaine dose de mauvaise humeur engendrée par le manque de sommeil.

Après cette première épreuve du feu, nous étions prêt·e·s pour l'étude suivante quand arriva l'automne. La tempête Desmond, qui souffla sur le Nord de la Grande-Bretagne le 5 décembre 2015, entraînant de graves inondations, devait être notre deuxième cas. Cette fois-ci, il nous fallut cinq jours. Le 10 décembre, en plein sommet de Paris sur le climat (COP 21), nous avons tenu une conférence de presse pour annoncer que la probabilité des pluies associées à la tempête avait augmenté de 40 % en raison du changement climatique. Cette fois-ci, la presse britannique relaya l'information avec une justesse remarquable. Même des journaux d'habitude peu sensibles à la climatologie, comme le *Daily Mail*, restituèrent fidèlement les résultats de notre étude. De notre point vue, c'était l'étude parfaite. Cela dit, il y eut quelques remous dans la communauté des chercheur·euse·s, nos collègues n'étant pas entièrement convaincu·e·s du caractère inattaquable de nos méthodes[2]. Il nous fallait donc recommencer toute l'analyse et la publier dans une revue spécialisée pour espérer être enfin accepté·e·s par le milieu autorisé. C'est ce que nous fîmes en 2017[3].

L'« unité spéciale » du climat

En raison de ce malaise parmi les scientifiques, l'Académie nationale des sciences (National Academy of Sciences, NAS) des États-Unis rédigea en 2015 un rapport sur l'état de la recherche en attribution d'événements météorologiques extrêmes. Il visait à clarifier quels types d'événements il était possible d'attribuer au changement climatique, pour peu qu'une telle chose soit possible, et quelles étaient les méthodes pertinentes pour y parvenir. Le jour où toute notre équipe fut invitée à Washington, avec quelques autres scientifiques de pointe, nous étions tous assez nerveux·ses.

Par une belle journée d'octobre, nous fûmes convoqué·e·s à une audition dans un imposant bâtiment de la NAS, au coin de la 5ᵉ Rue et d'East Street. « Convoqué·e·s », telle fut notre impression, bien que cette réunion ait été organisée comme un colloque, avec exposés et tables rondes. C'est à moi que revint l'honneur de la première présentation, et donc de dresser l'état des lieux de l'attribution d'événements extrêmes Devaient suivre des débats et des allocutions d'autres spécialistes sur les divers types d'événements extrêmes. Il était par conséquent de ma responsabilité de convaincre ces auditeur·rice·s que notre travail était scientifiquement aussi valable que n'importe quelle autre recherche en climatologie. Pour l'essentiel, mon exposé fut écouté en silence, de sorte que je fus incapable d'évaluer si j'avais atteint mon objectif. Aucun membre de notre équipe n'avait eu le droit de contribuer à la rédaction du rapport, et il nous était également interdit de participer au processus de vérification. Au vu des circonstances, le rapport était incontestablement indépendant, mais je n'en avais pas moins l'impression de comparaître devant un tribunal.

Voilà près de six mois que nous attendions la parution de ce document. Entre-temps, nous avions travaillé à d'autres projets et laissé celui de la *World Weather Attribution* en veilleuse.

À la suite d'un dernier entretien par vidéoconférence, le rapport fut publié au mois de mars. Non contente d'affirmer que notre travail était valable pour différents types d'événements extrêmes, l'Académie conseillait même aux autres scientifiques d'appliquer les méthodes développées et mises au point par notre équipe.

Si nous n'étions pas vraiment surpris·es (épouvanté·e·s à l'idée de commettre des erreurs nous avions redoublé de prudence en comparaison de nos autres projets de recherche), nous avions toutefois le sentiment d'avoir remporté une belle victoire. Elle fut scellée par un article très exhaustif du *New York Times*[4], qui décrivait notre équipe comme la *Climate SWAT Team*, soit « l'unité spéciale du climat ».

Naturellement, cela ne suffit pas à faire taire toutes les critiques parmi nos collègues[5-6], mais la vie serait bien triste si l'on ne rencontrait jamais la moindre opposition !

Plus rien ne contrariait la mise en place d'un programme d'attribution rapide. Nous pouvions enfin consacrer notre énergie aux recherches que nous voulions mener. Une canicule d'ampleur européenne, de fortes pluies à Paris et des tempêtes en Grande-Bretagne sont certes très intéressantes, mais quand la Seine déborde de son lit, la riche capitale française peut toujours s'adapter. En revanche, quand le changement climatique décuple le potentiel des inondations au Bangladesh, un événement extrême a tôt fait de se transformer en véritable cataclysme.

Ce qui nous préoccupe au bout du compte, ce sont les événements qui font perdre aux gens leur toit, leur santé, voire la vie, et détruisent l'économie d'un pays ou la font régresser de plusieurs années. Nous parlons là de sécheresses, de canicules supérieures à 50 °C, mais aussi de typhons, cyclones ou ouragans, selon la zone du globe où ils se produisent. À cet égard, les pays en développement sont plus fortement concernés que les pays industrialisés, car ils sont plus vulnérables. Les événements météo extrêmes peuvent parfois menacer leur existence même. Et au sein des nations industrialisées, les régions et les groupes les plus marginalisés sont à chaque fois les plus touchés.

Si au contraire le changement climatique n'a joué aucun rôle dans l'événement, il est au minimum aussi important de ne pas laisser le monopole de l'interprétation aux lobbyistes, mais de renvoyer les politiques à leurs responsabilités en cas de défaut de planification.

C'est pourquoi nous luttons pour asseoir ce domaine de recherche. C'est un combat contre les relevés météo lacunaires, les modèles de simulation inadaptés et les calculs qui refusent de concorder. Tout cela prend du temps. Surtout pour les événements que nous n'avons pas encore eu l'occasion d'analyser jusqu'à maintenant. Les ouragans par exemple.

Jours 4 et 5

Le mardi matin, Donald Trump pose en ciré à bord d'un gros camion, devant une caserne de pompiers à Corpus Christi, la ville du Texas qui, en même temps que Rockport, avait essuyé Harvey de plein fouet. « Que de monde, quelle foule ! » lance le président américain à son auditoire. Quelqu'un lui tend un drapeau texan, il ne se fait pas prier longtemps pour l'agiter.

Un peu plus tard, au centre d'intervention d'Austin, à l'occasion d'un briefing, il déclarera selon le *New Yorker*[7] : « Personne n'a jamais vu autant d'eau. Oui c'est du jamais vu : autant d'eau, dans de telles quantités. Et elle s'en ira, euh, peut-être un de ces jours. Nous continuons à attendre ! »

M. Trump aurait sans doute été plus surpris encore s'il s'était rendu à Houston, mais le président américain et sa suite avaient décidé d'éviter la métropole. En grande partie sous l'eau, elle ne semblait pas adaptée à une visite présidentielle.

Le mercredi, la pluie cesse progressivement d'accabler Houston. Il est encore impossible d'estimer les dommages. Sur place, les secours rapportent que plusieurs quartiers sont encore inondés. Une photo suscite un émoi considérable sur les réseaux sociaux. On y voit les résident·e·s d'une maison de retraite assis·e·s dans leurs fauteuils roulants baignant dans l'eau jusqu'aux hanches[8]. Il·elle·s furent évacué·e·s par la suite, comme des milliers d'habitant·e·s de la ville, qui durent dérouler leurs sacs de couchage dans des écoles et des gymnases.

Hélas, on ne peut pas aider tout le monde. Aucune équipe de secours ne pouvait être suffisamment préparée à la plus grave inondation de l'histoire des États-Unis[9]. Au moins 22 personnes trouvent la mort dans toute la région, pratiquement submergée aux deux tiers.

Notre équipe le sait à présent, le plus gros de la pluie est tombé en l'espace de trois jours, du 25 au 28 août. Et bien qu'il ait continué à pleuvoir ensuite, l'eau a presque partout atteint la plus haute valeur du fluviomètre le 28 août. C'est la station météo de Houston (NWSO) qui a enregistré les plus fortes précipitations : 1 043,4 mm en une seule journée ! Nous avons désormais tous les chiffres en main pour commencer notre analyse et définir l'événement.

La période étant circonscrite (les trois jours les plus arrosés), il nous faut encore délimiter Harvey géographiquement. Nous essayons plusieurs périmètres : seulement Houston, Houston et son agglomération, toute la zone jusqu'aux frontières de l'État (ce qui engloberait aussi Corpus Christi, la ville où Trump s'est si vivement étonné de la quantité d'eau, tout en prenant soin de bien agiter le drapeau texan).

Ce que nous pouvons déjà dire, c'est qu'il s'agit d'un événement vraiment exceptionnel. Que nous considérions uniquement Houston ou bien toute la région, les données des stations météo et celles des satellites sont formelles : *Harvey est un événement extrême.*

Considérant le climat actuel, on peut s'attendre à de telles chutes de pluie tous les 9 000 ans. C'est en tout cas ce que nous pouvons dire à partir des données dont nous disposons. Mais comment, sur la base d'un siècle de relevés, peut-on déterminer qu'un événement est susceptible de se produire tous les 9 000 ans ? Grâce aux statistiques de valeurs extrêmes : à partir de tous les événements observés, extrêmes ou non, et à l'aide d'hypothèses mathématiques, nous extrapolons des événements encore plus paroxystiques que tous ceux qui ont pu être observés à ce jour. Plus on s'éloigne des quantités de pluie réellement enregistrées par le passé, plus ces méthodes sont approximatives. Neuf mille ans est une estimation grossière. En effet, nos résultats s'expriment toujours sous la forme d'une fourchette, jamais d'un nombre. Dans certains cas, cette fourchette est explicitement définie, dans d'autres, seule la limite inférieure est claire : c'est particulièrement le cas pour les événements très rares. Dans le cas de Harvey, la durée de 9 000 ans correspond en réalité à la limite inférieure de la fourchette. Ainsi sommes-nous certain·e·s qu'un événement d'une telle violence ne pourra se produire tous les 500 ans, par exemple. À l'autre extrémité de la fourchette, nous avons calculé qu'un tel événement pourrait ne survenir que tous les 50 000 ans, mais cette hypothèse est extrêmement peu probable.

Dans les prochains jours, nous recevrons de nouvelles données qui nous permettront d'affiner nos résultats, mais nous savons par expérience que cela ne devrait pas changer grand-chose.

Il nous reste à trouver l'empreinte du changement climatique sur Harvey. Car pour spectaculaire qu'elle soit, cette tempête *épique* et *historique* n'est sans doute pas sortie de nulle part, contrairement à ce qu'a laissé entendre Donald Trump. Peut-être les responsables siégeant à Washington, à Austin et à Houston auraient-il·elle·s pu (ou dû !) se préparer depuis longtemps à des vents et des pluies bien plus violents que ceux que l'on avait connus jusqu'à présent...

Le facteur humain :
calculer l'influence
du changement climatique
sur la météo

À quoi ressemblerait aujourd'hui le monde si le changement climatique n'avait jamais eu lieu ? Cette idée n'énonce pas une expérience intellectuelle farfelue. C'est la base de notre travail. Pour déterminer la façon dont le dérèglement du climat influence notre météo actuelle, nous devons simuler un monde duquel il est abstrait.

Pour cela, nous comparons le temps qu'il ferait dans un monde sans changement climatique avec celui qu'il fait dans notre monde contemporain. Comme si l'on superposait un calque de la météo vraisemblable dans une région du « premier » monde à celui de la météo possible dans la même région du « deuxième » monde.

Toutefois, la planète de départ, vierge de changement climatique, est un monde purement hypothétique, qui n'a jamais existé. Car notre question n'est pas de savoir quelle serait la probabilité d'un événement dans un monde sans êtres humains, mais plutôt quelle serait sa probabilité dans un monde semblable au nôtre, au changement climatique près.

Dans un monde sans êtres humains, l'atmosphère ne serait pas seulement exempte des gaz à effet de serre supplémentaires que nous rejetons dans l'air depuis 250 ans. La végétation serait également tout autre : la surface de la Terre serait en grande partie recouverte de forêts, en l'occurrence des forêts primaires, dégagées des influences humaines et très différentes de celles que nous connaissons aujourd'hui. Or nous avons abondamment déforesté et replanté pendant des siècles. Par nos voyages, nous avons aussi permis à des essences végétales d'essaimer dans des régions du globe où elles étaient absentes. Et plus les forêts sont vastes, plus leur influence est significative sur le climat, et donc la météo.

Ce monde imaginaire, affranchi du changement climatique, n'est donc pas celui qui existait il y plusieurs siècles. Le monde *ancien* que nous modélisons n'est pas intact mais déjà peuplé d'humains. Il est seulement exonéré de gaz à effets de serre supplémentaires.

À vrai dire, nous nous trouverions toujours dans l'Anthropocène, dans un monde où la présence humaine serait encore perceptible. Un Anthropocène *light*, en quelque sorte. Dans ce monde simulé, la révolution industrielle, basée sur l'usage massif des combustibles fossiles, n'aurait pas eu lieu. Bien sûr, ce n'est pas réaliste, car dès lors notre planète se serait développée différemment. En mieux ou en moins bien, la question est évidemment ouverte. Ce qui est sûr, c'est que nous ne serions pas obligé·e·s de nous débattre avec le problème du réchauffement planétaire. C'est la seule chose qui compte pour notre modèle contrefactuel.

Simuler le temps possible dans ce monde virtuel et le comparer au temps possible dans notre monde réel est le fondement de l'attribution des événements extrêmes. La définition d'un événement tel qu'une sécheresse ou un ouragan dans le monde réel constitue le gabarit original à partir duquel nous cherchons, dans les deux mondes, combien d'événements correspondent à ce gabarit.

Concrètement, qu'est-ce que cela signifie ? Avant toute chose, nous déterminons quel type de météo est admissible dans une région donnée, dans les conditions actuelles. Par exemple : quelle est la quantité moyenne des précipitations à Houston ? De quelle intensité sont les plus fortes, celles qui ne s'abattent que tous les dix ans ? Et tous les cinquante, tous les cent ans ? Quelle est la probabilité qu'il pleuve aussi abondamment que ce que nous venons d'observer ?

Nous posons ensuite exactement les mêmes questions, mais cette fois nous simulons les hypothèses les plus plausibles dans un monde qui n'aurait pas connu le réchauffement climatique. Si dans un cas la probabilité de cet événement est plus élevée (ou plus faible) que dans l'autre, cet écart peut clairement être attribué au changement climatique, puisque c'est la seule différence entre les deux mondes dont nous avons simulé la météo. Par conséquent, si un événement extrême risque de se produire tous les dix ans dans le monde actuel, mais seulement tous les cent ans dans un monde épargné par le changement climatique, nous pouvons dire que ce dernier a décuplé la probabilité de l'événement.

Mesurer le monde

Nous devons donc commencer par reconstituer la météo réelle, avant de simuler la météo *possible* dans le monde d'aujourd'hui, puis dans le monde fictif. Pour cela, il nous faut une bonne représentation du temps qu'il a fait jusqu'à présent dans le monde réel. En d'autres termes, un maximum de données, des plus récentes aux plus anciennes : températures, force des vents et précipitations, pour ne citer que celles-ci.

D'une part, nous devons d'abord retracer la chronologie des faits avant que Houston ne soit inondée : à quel moment il a commencé à pleuvoir, où et en quelle quantité.

D'autre part, nous avons besoin de ces données pour calculer la probabilité d'un tel événement. C'est sur cette base que nous le définissons. Pour la canicule russe de 2010 par exemple, nous sommes partis des températures maximales du mois de juillet dans une large zone dont Moscou constituait le centre (de 35 à 55° E, et de 42 à 60° N). Après avoir clairement dessiné les contours de l'événement, nous pouvons le simuler dans nos modèles climatiques. Une fois dans le monde actuel et une fois dans le monde hypothétique ignorant le changement climatique.

Mais nous avons aussi besoin de données météo afin de vérifier la validité de nos modèles. Car tous ne sont pas en mesure de simuler de façon réaliste les événements qui nous intéressent. Les relevés météo établissent donc le lien entre les modèles climatiques et le monde réel.

Sans observations, nous n'aurions qu'une très vague idée des caractéristiques de notre météo. Sans recul sur le passé, nul ne saurait que dans la ville allemande de Kiel, il pleut en moyenne 700 mm dans l'année. Personne non plus ne saurait combien de temps un anticyclone peut s'attarder sur un lieu donné, entraînant la chaleur estivale et le froid hivernal. Les données météo sont précieuses et irremplaçables.

Les satellites éclairent la météo

C'est seulement depuis 1979 que nous pouvons mesurer le temps qu'il fait n'importe où sur la planète. En effet, depuis cette date, des satellites en orbite autour de la Terre relèvent les données météo sur toute la surface du globe. Nous avons donc quarante ans de recul, juste ce qu'il faut pour nous permettre d'effectuer notre travail, du moins dans les régions dépourvues de stations météorologiques. Car pour énoncer des affirmations à propos du climat, nous avons besoin de trois décennies d'observation, le climat d'une région n'étant finalement rien d'autre que sa météo moyenne sur une période de trente ans.

Cette durée n'a pas été caractérisée de façon arbitraire. La météo varie de jour en jour, de mois en mois et d'année en année, mais aussi selon des cycles plus longs, de dix à trente ans. En dehors de cela, il se produit relativement peu d'évolutions. Pourtant, les données relevées sur ces périodes longues se distinguent nettement par leur qualité. Une période de trente ans permet ainsi de définir l'échelle de la variabilité naturelle de la météo et garantit une certaine homogénéité dans la qualité des mesures.

Bien sûr, ce serait aussi le cas pour 29 ans ou pour 33. En revanche, dix ans seraient trop courts, spécialement dans les régions tropicales, où le temps fluctue peu d'un jour sur l'autre, mais de manière drastique tous les cinq à sept ans. Pour parler du climat, il faut que nous puissions étudier plusieurs de ces cycles.

Trente ans est donc une durée minimale. Nous devons même considérer des périodes supérieures pour les événements extrêmes car, par définition, ils sont rares et ne surviennent que rarement sur des épisodes de trente ans. Idéalement, il nous faudrait disposer de relevés beaucoup plus anciens. Certains datent de la fin du XIXe siècle. À cette époque, le changement climatique était à peine sensible dans la température globale moyenne, et ces mesures sont celles qui s'approchent le plus d'un monde qui n'aurait pas connu le phénomène.

La plupart d'entre nous prenons pour acquis de vivre dans un monde mesuré sous tous ses aspects. Géographiquement (grâce à Google Earth...), mais aussi au plan météorologique.

Cela dit, même à l'ère des satellites, il n'est pas si facile de savoir si de fortes pluies se déversent en ce moment sur la forêt tropicale du bassin du Congo.

Deux types de satellites observent le temps qu'il fait. En premier lieu des satellites géostationnaires, qui tournent dans le même sens et à la même vitesse que la Terre, et peuvent prendre des images d'un même endroit 24/24 heures. En second lieu des satellites qui tournent dans le sens inverse de la rotation de la Terre et examinent chaque point du globe toutes les douze heures environ. Contrairement aux satellites géostationnaires, ils ont une bonne couverture spatiale, mais ne livrent leurs images que deux fois par jour. C'est pourquoi il arrive fréquemment que des chutes de pluie importantes échappent complètement à leur radar.

Tous les pays dotés d'une agence spatiale, comme les États-Unis, la Chine et l'Europe, envoient presque chaque année de nouveaux satellites dans l'espace. Tous ne sont pas uniquement destinés à l'observation de la météo, car leur technologie permet également d'enregistrer d'autres faits tels que des feux de brousse, le défrichement illégal de forêts tropicales, la fabrication et le stockage de munitions de contrebande, etc.

Aux États-Unis, le gouvernement de Donald Trump coupe systématiquement les budgets de la recherche en météorologie et climatologie. Néanmoins, début 2018, l'agence spatiale américaine (National Aeronautics and Space Administration, NASA) a tout de même pu mettre sur orbite un nouveau satellite de la série GOES-R, qui devrait nous permettre de comprendre plus précisément ce qui se passe pendant un orage.

Les satellites sont particulièrement performants pour rendre compte de la couverture nuageuse ainsi que des dépressions et anticyclones de grande ampleur, quoique nettement moins opérants avec les précipitations. Les satellites les plus anciens, notamment, sont à peine capables de distinguer les nuages déversant des pluies de ceux desquels il ne pleut pas.

Dans tous les cas, les mesures satellites doivent être calibrées à l'aide d'autres relevés, comparées avec les données de stations météo étroitement maillées. Cela permet de calculer les marges d'erreur des satellites, mais aussi d'en déduire des termes de correction pour rectifier les données suivantes. Idéalement, les satellites finissent par être capables de représenter assez précisément le temps qu'il fait sans l'aide des stations météo.

Le réseau mondial des stations météo

En réalité, une station météorologique n'a rien de très spectaculaire. Elle réunit un thermomètre et un pluviomètre (souvent un simple récipient gradué), auxquels s'ajoute souvent un anémomètre pour mesurer la vitesse du vent. On peut aussi y trouver un baromètre, un hygromètre et un pyranomètre (ou héliographe, un appareil qui mesure le rayonnement solaire).

De nos jours, tous ces instruments fonctionnent de façon quasi automatique, de sorte qu'il n'est pratiquement plus nécessaire de relever quotidiennement les mesures. Même la meilleure des stations automatisées ne fonctionne cependant pas sans entretien, car si un appareil tombe en panne sans être immédiatement remplacé, la série de mesures est interrompue, et par suite difficilement exploitable – voire pas du tout. Ainsi, l'une ou l'autre des stations que notre institut a installées dans le Sahara connaît régulièrement des avaries, soit à cause de problèmes techniques, soit parce qu'un animal s'est fait les dents sur les câbles.

Jusqu'à aujourd'hui, les séries de mesures les plus complètes et les plus fiables sont encore fournies par les stations météo gardées, où les variables sont relevées tous les jours à la même heure depuis maintenant cent ans, y compris à Noël et au Jour de l'an, en temps de guerre comme en temps de paix.

C'est le cas de la station de Telegrafenberg à Potsdam, où siège l'Institut für Klimafolgenforschung (PIK), qui se consacre à la recherche sur les effets du dérèglement climatique.

Les données aussitôt saisies par informatique sont en principe disponibles en temps réel, nonobstant que la plupart des pays ne les communiquent qu'après quelques jours ou quelques semaines, parfois jamais.

Le réseau mondial de stations météo est encore très discontinu et lacunaire. Et pas seulement dans le Sahara ou au Congo, où seuls les satellites nous permettent désormais de ne plus tâtonner. En Europe aussi, il existe de grandes disparités. Tandis qu'aux Pays-Bas, les stations météo sont au coude à coude, elles sont très clairsemées en France et en Allemagne.

Les livres de bord :
ce que les marins nous enseignent

Pour comprendre comment et pour quelles raisons la météo évolue, il faut néanmoins un peu plus que les relevés des dernières décennies établis par des technologies dernier cri. Il faut effectuer un grand bond dans le passé, s'enfoncer dans les caves voûtées des vieilles universités européennes, ou s'adresser aux navigateurs qui sillonnaient les mers du globe au cours des siècles passés.

Pour les marins, la météo est une question de survie, c'est pourquoi ils l'ont toujours suivie de près et scrupuleusement prise en note. De fait, les journaux de bord des navires constituent une source inégalée de données météorologiques. Le projet *Old Weather*[1] s'est assigné pour tâche de numériser ces documents. En l'occurrence à l'aide de citoyen·ne·s chercheur·euse·s bénévoles, qui relèvent essentiellement les données météo dans les journaux de bord des navires baleiniers. Un travail fastidieux, car la plupart de ces journaux sont manuscrits et l'on ne peut pas savoir à l'avance où se cachent les informations concernant la météo. Quoi qu'il en soit, beaucoup de bénévoles trouvent l'exercice passionnant. Il·elle·s n'apprennent pas seulement le temps qu'il faisait autrefois dans l'océan Arctique, mais aussi ce qui se tramait à bord de navires bravant les éléments pendant des mois, à l'écart de toute civilisation.

Durant ces dernières années, grâce à des projets de ce type, les scientifiques ont réussi à améliorer substantiellement les séries de données sur la température, les précipitations et la pression atmosphérique depuis la moitié du XIXe siècle. Ainsi, pour la première fois, il est possible d'analyser des informations datant des débuts de l'industrialisation. Une véritable mine d'or pour notre mission !

L'observatoire Radcliffe à Oxford

Si les journaux de bord constituent sans doute la source la plus exotique de données météo, ils sont loin d'être la seule. Les relevés de précipitations réguliers et continus les plus anciens au monde sont entreposés trois étages en dessous de mon bureau, à Oxford, dans la cave d'un bâtiment en briques du XVIe siècle.

Ils proviennent de la station météo de l'observatoire Radcliffe d'Oxford[2]. La station historique, au sommet d'une tour, a depuis longtemps été remplacée par des instruments de mesure rutilants, plantés au milieu d'une pelouse, comme cela se fait maintenant partout dans le monde. Cette pelouse se situe sur le campus du Green Templeton College, au pied de la tour où logeait autrefois la station. Les relevés originaux de cette dernière sont dorénavant conservés dans une armoire forte, au sous-sol de notre institut. À chaque fois que j'ouvre l'un de ces vieux cahiers pour parcourir les rapports des XVIIIe et XIXe siècles, je suis toujours aussi impressionnée (heureusement qu'à cette époque, l'écriture gothique n'avait plus cours depuis longtemps en Angleterre, contrairement à l'Allemagne). Mon émotion tient moins à l'histoire dont ils sont chargés qu'à leurs données, qui se distinguent peu de celles du XXe siècle. Et c'est cela qui fait leur valeur. Car pour savoir si le temps se modifie, et de quelle façon, il est nécessaire de le mesurer de manière constante.

Sur tous les continents, des gens s'occupent de saisir de vieilles données météo dans leur ordinateur, afin de rendre le savoir accessible. Les données de l'observatoire Radcliffe sont désormais toutes numérisées, et je n'ai évidemment plus besoin de descendre à la cave pour les consulter.

La dernière fois que nous y avons eu recours, c'était pour étudier les très fortes chutes de pluie sur le Sud de l'Angleterre en 2014[3]. Nous avions alors analysé la pluviométrie d'Oxford des deux derniers siècles, ce qui nous a permis de conclure que le risque de pluies extrêmes comme celles de 2014 avait augmenté d'au moins 40 %.

Simulations informatiques : la météo est un jeu de dés

Les meilleures données d'observation ne reflètent jamais que le temps qu'il a réellement fait au cours des cent dernières années et non le temps qu'il aurait pu faire.

Or, comment pouvons-nous parler d'un événement qui ne risque d'arriver que tous les 10 000 ans, si nous n'avons que cent ans de recul ? Réponse : nous ne le pouvons pas. Cela reviendrait à lancer dix fois un dé, à obtenir cinq fois le 6, et à prétendre déduire, à partir de ce seul résultat, la probabilité de tirer un 6, en ignorant que la probabilité pour un dé normal est exactement d'un sixième.

Mais alors, que faire ?

Dès lors que nous connaissons la répartition des données météo, il ne reste pour ainsi dire qu'à les prolonger. À ce stade, ce n'est pas encore une certitude, mais nous pouvons déjà formuler des hypothèses fondées pour indiquer quelle était la probabilité de l'événement.

Il nous faut donc des statistiques : la météo du jour, qu'elle soit exceptionnelle ou ordinaire, n'est que l'un des nombreux scénarios plausibles dans le cadre de conditions climatiques. Par conséquent, pour établir la probabilité d'un événement, nous ne devons pas nous limiter au temps qu'il fait dans la réalité, mais prendre aussi en compte le temps qu'il *pourrait faire*. Ce qui revient à lancer un dé… un nombre de fois suffisant pour estimer la probabilité de tirer un 6. C'est exactement ce que nous réalisons avec nos modèles climatiques : nous tirons la météo au sort. Et pour simuler le temps envisageable dans des conditions climatiques données, nous avons besoin de modèles d'une part statistiques et d'autre part climatiques.

Les choses se compliquent à l'étape suivante, car nous quittons le monde dans lequel nous vivons pour nous transposer dans un monde sans changement climatique. Nous n'avons dès lors plus aucun support de comparaison avec nos modèles. C'est maintenant que commence la recherche d'attribution proprement dite. Pour évaluer la probabilité d'un événement abstrait du changement climatique, nous devons mesurer le temps possible dans des conditions climatiques jamais observées. Tandis qu'en lançant un dé, nous savons que la probabilité de tirer un 6 (et chacune des autres faces) est exactement d'un sixième, nous ignorons d'entrée de jeu quelles seraient les météos possibles dans un monde dont l'atmosphère ne serait pas modifiée.

Si l'idée est plutôt simple, on ne peut pas en dire autant de sa mise en œuvre. Car pour savoir quelle serait la météo possible, il ne suffit pas d'utiliser un modèle climatique et de simuler un temps éventuel une ou deux fois pour chaque jour des dix dernières années. Il faut le simuler des centaines de fois ! Par exemple, si nous ne simulions que deux étés, cela reviendrait à cueillir deux trèfles, l'un à trois feuilles et l'autre à quatre feuilles. Si vous n'avez jamais vu de trèfle auparavant, vous n'êtes pas averti·e que celui à trois feuilles est la norme et celui à quatre feuilles l'exception. C'est pourquoi nous devons multiplier au maximum les reconstitutions du temps qu'il pourrait faire.

N'eût été l'évolution spectaculaire de l'informatique, qui a vu s'améliorer la puissance des processeurs et augmenter le volume de stockage, nous ne pourrions procéder ainsi au calcul d'ensembles de simulations de modèles. « En général, un modèle climatique comprend assez de chiffres pour couvrir 18 000 pages imprimées », selon le calcul du portail pour le climat Carbon Brief[4]. « Et il faudrait un superordinateur de la taille d'un court de tennis pour le faire fonctionner. »

Pour tout dire, nous ne disposons pas encore d'une puissance de calcul aussi colossale. En revanche, nous sommes soutenu·e·s par une communauté très spéciale, nullement effrayée par l'aventure et prête à rechercher des extraterrestres dans l'immensité de l'espace. Mais j'y reviendrai plus tard.

Pour le moment, nous voulons nous immerger dans deux mondes fictifs : d'une part le monde de la météo possible aujourd'hui et d'autre part un monde épargné par le changement climatique. Pour accéder à ces deux mondes, des modèles climatiques et l'aide des sciences physiques nous sont indispensables.

Le monde tel qu'il serait
sans changement climatique

Un modèle climatique est une représentation mathématique du système climatique, grâce auquel nous pouvons reconstituer ce dernier et recréer, en quelque sorte, une Terre virtuelle sur laquelle pratiquer des expériences. De même que les étudiant·e·s en médecine s'entraînent d'abord sur des mannequins avant d'opérer des personnes.

Comme tout système physique, le système climatique est régi par des principes de conservation : conservation de l'énergie, de la masse et de la quantité de mouvement, qui ne sont donc jamais ni créées ni éliminées, mais prennent simplement des formes différentes à l'intérieur d'un système fermé.

Pour ce qui est de l'énergie, le système climatique de la Terre n'est pas un vase clos, puisque cette énergie vient de l'extérieur, en l'occurrence du soleil. Mais comme elle ne peut être éliminée, celle qui est entrée doit bien finir par ressortir. Voici par conséquent la première équation importante à la base de tout modèle climatique : la loi de conservation de l'énergie. Un simple modèle climatique de ce type permet de calculer l'évolution de la température globale moyenne quand on ajoute des gaz à effet de serre dans l'atmosphère, ou qu'une éruption volcanique y libère des particules de soufre. Pourtant, bien que cette température globale moyenne soit d'une importance capitale, elle ne saurait nous suffire, tout comme les médecins ne se contentent pas de la température d'un patient.

De surcroît, la version supérieure du modèle climatique prend en compte un autre facteur : la conservation de la masse. Sur ce point, la Terre peut être considérée comme un système fermé, car la masse des particules qui entrent dans l'atmosphère (ou en sortent) est négligeable au regard de la masse de l'atmosphère elle-même. Dans les faits, qu'implique la conservation de la masse ? Si l'on diminue la pression en un point de l'océan ou de l'atmosphère (et donc le nombre de molécules d'eau ou d'air à cet endroit), cette pression doit augmenter ailleurs dans le système, car aucune molécule ne peut disparaître.

La conservation de la masse se calcule elle aussi par une équation basique. Grâce à elle, on peut diviser le système climatique en plusieurs grandes parties. On compartimente ainsi la Terre entre océan et atmosphère, et en plusieurs cases (correspondant à des régions) géographiques, des tropiques aux pôles. À l'intérieur de chaque case, la température et la pression connaissent des modifications, dues par exemple à un afflux d'énergie provenant de l'extérieur. Nous pouvons ainsi observer la façon dont les différences de pression s'équilibrent entre les cases, autrement dit, nous calculons la circulation de l'air et les courants maritimes à très grande échelle.

À l'aide de tels modèles, encore très simples, que l'on peut activer rapidement et fréquemment, nous calculons les écarts de vitesse du réchauffement de la Terre, de l'atmosphère et des océans. Mais nous ne pouvons toujours pas simuler la météo. Pour y arriver, nous devons encore prendre en compte la loi de conservation de la quantité de mouvement, soit la deuxième loi de Newton, selon laquelle la force résultante F exercée sur un point matériel de masse m donnée est égale au produit de la masse du point et de son accélération a.

Si l'on connaît à chaque endroit de la Terre la force exercée sur une molécule d'air, on sait comment cette molécule continuera à se mouvoir, c'est-à-dire comment soufflera le vent. Les physiciens Claude-Louis Navier et George Gabriel Stokes ont décrit les quatre forces qui agissent sur une molécule d'air et accélèrent ses déplacements : la rotation de la Terre (force de Coriolis), les différences de pression dans l'atmosphère, le frottement et l'attraction terrestre (décrite par George Gabriel Stokes)[5].

Cette fois, le modèle de circulation avec lequel nous pouvons simuler la météo est prêt. Ou du moins à peu près correct. En effet, nous sommes obligé·e·s de simplifier les équations, dans la mesure où les modèles ne peuvent pas les résoudre pour chaque point de l'atmosphère ou de l'océan, ce serait beaucoup trop long ! « Tous les modèles climatiques sont faux, mais certains sont utiles », aurait dit le premier le statisticien George Box[6]. Il avait raison. Les modèles climatiques ne sont jamais qu'une représentation simplifiée de la météo réelle, au demeurant tout ce qu'il y a de plus utile tant qu'ils en restituent correctement les traits essentiels.

La simplification la plus importante est due au fait qu'ils ne considèrent pas l'atmosphère comme un continuum, mais la divisent en unités discrètes à trois dimensions, formant comme une grille ou un réseau autour du globe. Les modèles résolvent donc les équations simplifiées à chaque point de croisement de la grille. Dans les modèles les plus anciens, la distance entre les points au sol était parfois de plusieurs centaines de kilomètres, tandis qu'elle est maintenant d'environ 100 km à l'équateur, et encore moindre au niveau des pôles. À la verticale, les distances entre les points s'allongent à mesure que l'on s'élève dans l'atmosphère. C'est lié au déroulement de notre météo à ses étages inférieurs, où beaucoup de mouvement se produit sur une surface restreinte, alors qu'à plus haute altitude la pression est si faible qu'assez peu de molécules y circulent, et les modifications s'y déploient sur de plus amples distances. Plus les points sont éloignés verticalement et horizontalement, plus les modèles calculent vite... et moins ils sont précis.

À chaque point donné, le modèle calcule la température, la pression, la direction du vent et de nombreuses autres variables météorologiques, à la fréquence souhaitée, toutes les 15 ou 30 minutes par exemple. Avant de lancer le modèle, nous devons renseigner les équations, mais aussi fixer une valeur de départ pour chaque variable. Au lieu d'asseoir ces valeurs sur zéro, ce qui ferait exploser la quantité de calculs, nous proposons au modèle des valeurs de départ basées sur des observations, et dont il sera capable de calculer l'évolution, notamment concernant la température et la vitesse du vent. Ce qui manque encore à notre modèle, ce sont les mouvements du système climatique qui échappent à son domaine de calcul : le rayonnement solaire, la concentration des gaz à effet de serre dans l'atmosphère et celle des particules de poussière (les aérosols). Si les points de croisement n'étaient distants que de quelques mètres, le modèle serait complet, avec équations physiques, conditions de départ et forces de propulsion.

Or, les points sont parfois espacés de plusieurs centaines de kilomètres, et la météo se joue clairement à des niveaux plus réduits. Tout le monde en a un jour fait l'expérience : il pleut à un bout de la ville, tandis que le soleil brille à l'autre. C'est pourquoi on ne peut pas représenter la pluie en se servant d'un modèle aussi grossier. Les précipitations sont donc exclues de ces équations appuyées sur des lois physiques. Il en va de même pour la couverture nuageuse et bien d'autres variables qui se modifient à petite échelle.

Il existe cependant une solution à ce problème : la possibilité de paramétrer ces variables. En clair, ce n'est pas une équation physique qui détermine s'il pleut abondamment en un point donné, mais une équation déduite de façon empirique. Nous cherchons ainsi un rapport entre les variables susceptibles d'être calculées par le modèle selon les lois de la physique et celles qui ne peuvent pas l'être mais dont nous avons besoin. Les modèles de prédiction de l'évolution économique se fondent exclusivement sur des équations semblablement établies. Aucune loi n'énonce que le chômage baisse quand le produit national brut augmente, bien que ce soit clairement le cas d'un point de vue empirique. Cela explique

que les économistes utilisent les chiffres du chômage comme paramètres pour prédire la croissance économique.

Avec les modèles climatiques, nous suivons le même principe pour calculer les précipitations. Nous comparons ces modèles avec les relevés météo et nous essayons de modifier les paramètres l'un après l'autre pour simuler au mieux le temps qu'il fait vraiment. Par exemple, nous cherchons la taille que doit atteindre une goutte d'eau dans un nuage pour tomber sous forme de pluie. Cela dit, nous ne trouvons que rarement des paramètres qui nous aident à représenter la météo de façon réaliste partout dans le monde. Ainsi, la même valeur pour un paramètre conduit souvent à ce que les pluies sur l'Allemagne soient simulées de façon très vraisemblable, tandis qu'elle transforme la forêt tropicale en désert. Un tel modèle est donc crédible pour prédire la météo en Europe, mais si nous voulons tirer des enseignements du changement climatique, nous avons besoin de paramètres *de compromis* qui produisent des scénarios plausibles en n'importe quel endroit de la planète, y compris s'ils ne suivent pas rigoureusement les lois de la physique. Ce pourrait être le cas de gouttes de pluie beaucoup plus grosses que ne l'admet le monde réel, mais qui aboutiraient à des précipitations réalistes dans le modèle.

Même sans ces simplifications, les modèles resteraient imparfaits pour la simple raison que le système climatique est chaotique ! Si les conditions de départ varient, ne serait-ce que de façon minime, l'évolution de la météo prend un tout autre cours. C'est le fameux *effet papillon*, selon lequel le battement d'aile de cet insecte pourrait déclencher un ouragan à l'autre bout du monde. Les facteurs marginaux sont pareillement source d'incertitude, à l'instar d'une éruption volcanique qui bouleverse complètement la météo des deux années suivantes.

Malgré tout, les modèles climatiques demeurent très efficaces. La meilleure preuve en est le bulletin météo. On est désormais capable de prédire très précisément le temps qu'il fera au cours des prochains jours, en tout lieu du globe. Une deuxième preuve de l'efficacité des modèles climatiques est le réchauffement global : les prévisions établies au début des années 1990 pour la température moyenne de la Terre, d'alors jusqu'à aujourd'hui, se sont avérées parfaitement exactes, et ce, en dépit de la résolution spatiale bien moins fine qu'à présent sur laquelle se sont appuyés les modèles de l'époque.

Ce que nos modèles sont incapables de faire, c'est de prédire en détail le temps qu'il fera dans dix, vingt ou trente ans. Le système climatique est bien trop aléatoire pour cela. Mais après tout, personne ne se soucie de savoir s'il pleuvra sur Oxford le 30 janvier 2050. Ce qui nous intéresse est la probabilité qu'il pleuve ce jour-là à peu près autant qu'un jour ordinaire de tous les mois de janvier moyens des deux cents dernières années. Cette probabilité s'est-elle modifiée ? Et si oui, pourquoi ? Il nous est de plus en plus facile d'apporter des réponses à ce type de questions.

Pour cela, un seul modèle climatique ne suffit pas. Nous devons identifier dans chaque simulation les erreurs engendrées par les divers paramètres de nos modèles. Plus nous comptons de modèles aboutissant au même résultat, plus nous pouvons supposer que ce résultat reflète correctement la réalité. Et plus nous lançons de simulations avec un même modèle, mieux nous pouvons calculer la probabilité d'un événement climatique. Pour parvenir à une étude d'attribution de qualité, les modèles doivent transcrire avec une infinie variété les équations physiques en code informatique. Tout cela nécessite malheureusement une puissance de calcul colossale, car le résultat final représente plusieurs téraoctets, le plus souvent sous différents formats de données.

Au total, nous obtenons de tels volumes de chiffres qu'il nous faut parfois jusqu'à deux heures pour prendre connaissance des résultats d'un seul modèle simple pour la simulation d'une année… sans parler du temps d'analyse de ces données. Or, à moins qu'il ne s'agisse d'évaluer une canicule à l'échelle de tout un continent, pour calculer la météo possible, nous avons besoin de modèles d'une très haute définition spatiale, autrement dit établis sur un réseau très étroitement maillé. Et comme je l'ai dit précédemment, chaque point de croisement du réseau représente un lieu où le modèle résout des équations. Plus ces points sont rapprochés et nombreux, plus la résolution est élevée... au prix d'un temps de calcul d'autant plus long. Ces simulations nous viennent des grands centres de calcul météorologiques, comme le Centre européen de prédiction météorologique à moyen terme (European Centre for Medium-Range Weather Forecasts, ECMWF), le Centre américain de recherches atmosphériques (National Center for Atmospheric Research, NCAR) ou encore l'Agence japonaise des sciences et technologies des océans et de la Terre (Japan Agency for Marine-Earth Science and Technology, JAMSTEC). Simuler une année modélisée peut prendre jusqu'à deux semaines. Lancer les modèles sur un seul superordinateur exigerait de nous quantité de temps et d'argent. Or nous n'avons ni l'un ni l'autre.

Les leçons des ufologues

Pour sortir de cette impasse, ce sont les chasseur·euse·s d'extraterrestres qui nous ont montré la voie. Dans les années 1990, le Laboratoire des sciences spatiales (Space Sciences Laboratory, SSL) de l'université de Californie Berkeley s'est vu confronté au traitement d'une somme gigantesque d'enregistrements sonores de l'espace, captés par radiotélescope et qui contenaient potentiellement les indices d'une vie extraterrestre. Mais personne ne sachant à quoi ressembleraient ces sons, les scientifiques du SSL ne pouvaient pas confier l'écoute des enregistrements à des machines. Il n'existe effectivement pas d'exemples connus à partir desquels on aurait pu apprendre à une machine ce qu'elle devait repérer. Il fallait donc confier cette tâche à des êtres humains. L'équipe de chercheur·euse·s étant largement sous-dimensionnée pour écumer une telle masse de données, elle a requis une aide extérieure.

Il·elle·s ont donc développé un logiciel, du nom de BOINC (acronyme de *Berkeley Open Infrastructure for Network Computing*), qui envoyait des enregistrements sur des ordinateurs privés partout dans le monde. Les propriétaires des ordinateurs les écoutaient bénévolement et signalaient tout ce qui leur semblait digne d'intérêt. Le projet *SETI@home* était né.

Pour régler notre problème de modélisation, nous procédons selon le même principe, au moyen du même logiciel et avec l'aide de milliers de bénévoles dans de nombreux pays. La seule différence est qu'au lieu de nous offrir leur temps personnel pour rechercher activement des extraterrestres, nos volontaires nous cèdent du temps de calcul sur leurs ordinateurs, et donc une certaine somme d'argent, car leur note d'électricité s'en trouve un peu plus élevée. Nous disposons ainsi – et de loin – du plus gros superordinateur au monde !

Grâce à nos fidèles volontaires qui soutiennent le projet Climate*prediction*.net, nous n'avons pas besoin de dépenser un seul centime pour l'utiliser[7]. Pour la seule année 2015, le temps cumulé de tous les processeurs équivalait à 120 000 ans. L'emploi du même volume sur le *cloud* le moins cher du marché nous coûterait 6 milliards de dollars.

Notre programme fonctionne en arrière-plan sur les ordinateurs des bénévoles. Quiconque utilise son PC essentiellement comme une machine à écrire, sollicitant très peu son processeur, peut nous prêter sa puissance de calcul. Quand l'ordinateur est saturé, notre modèle se met en pause. Aucune connaissance scientifique ou technique n'est requise, les participant·e·s n'ont qu'à télécharger le logiciel BOINC, se connecter au projet Climate*prediction*.net, et c'est parti ! L'ordinateur peut immédiatement calculer la météo modélisée de toute une année. Les données nous sont alors renvoyées afin que nous les analysions. Je précise que tout est sécurisé et que nous n'avons absolument pas accès aux ordinateurs. Pour la plupart de nos expériences, nous proposons aussi un économiseur d'écran : si le cœur vous en dit, vous pouvez regarder le modèle calculer et observer en direct les modifications de température, pression ou précipitations.

Certaines de nos quelque 40 000 personnes-relais conservent même leurs anciens ordinateurs uniquement pour y faire fonctionner Climate*prediction*.net. Nos contributeur·rice·s changent au fil des années. Il en est aussi qui ont envie de nous rejoindre au moment où nous menons une expérience sur la région du monde où ils habitent. Depuis le début de l'aventure, 700 000 bénévoles ont participé. Sans leur implication dans ce projet, la science de l'attribution des événements extrêmes n'aurait sans doute vu le jour que des années plus tard.

Jour 6

Le dernier jour du mois d'août, il a enfin cessé de pleuvoir. Mais l'eau stagne toujours dans les rues de Houston. De l'eau toxique, polluée par le pétrole, l'essence, les cadavres et des déchets de toutes sortes. Cela n'empêche pas ceux·celles qui n'ont pas pu, ou pas voulu, quitter la ville, de marcher dans la boue ni de se déplacer à bord de diverses embarcations. Il·elle·s n'ont pas le choix, cherchent de la nourriture et de l'aide pour commencer à déblayer. Ces personnes sont la priorité absolue des équipes de secours.

Quant à l'attention des médias internationaux, elle a encore changé de point focal. Après s'être concentrés sur l'ouragan, puis sur ses victimes, les journaux s'intéressent maintenant aux autres conséquences et veulent savoir dans quelle mesure l'événement était prévisible. La municipalité a-t-elle fait tout ce qu'elle pouvait ?

Mais la question à laquelle nous tentons de répondre depuis la veille fait elle aussi son apparition dans les médias : *qu'est-ce que c'était que ce truc-là ?* Pouvons-nous vraiment attendre d'une municipalité qu'elle se prépare à un événement qui risque d'arriver seulement tous les 9 000 ans environ ? Ce chiffre n'est pas encore paru dans la presse, mais nous sommes désormais pratiquement certain·e·s que telle est la probabilité dans notre monde actuel, soit sur une planète qui s'est déjà réchauffée de 1 °C en moyenne par rapport à l'ère préindustrielle. Pour trouver des données exploitables, nous n'avons pas eu besoin de descendre dans les vieilles caves de bibliothèques ni de passer les livres de bord des navires au peigne fin. Les relevés de précipitations des États-Unis sont tous numérisés et librement accessibles. Il nous a suffi de télécharger les données et d'extraire celles de la localité de Houston à l'aide d'un numéro attribué par l'Organisation mondiale météorologique (World Meteorological Organization, WMO).

À la lecture des relevés, nous pouvons déjà affirmer que le changement climatique a nettement augmenté le risque de chutes de pluie comme celles que vient de connaître Houston – au moins autant par la modification des facteurs dynamiques que des facteurs thermodynamiques.

Canicules, pluies diluviennes et Cie : ce que la météo doit au changement climatique

Après avoir effectué plus d'une vingtaine d'études d'attribution, je commence à avoir une petite idée de la façon dont le changement climatique pointe le bout de son nez dans la météo. Et il n'a pas forcément le visage auquel on pouvait s'attendre.

Jusqu'à présent, les climatologues eux·elles-mêmes n'en avaient pas une image très nette, aussi étaient-il·elle·s obligé·e·s de se réfugier derrière des lieux communs, à savoir que le réchauffement a augmenté le risque de canicules, d'ouragans et de fortes pluies... en moyenne, à l'échelle de la planète. Malheureusement, savoir que le changement climatique influence la météo et disposer d'une valeur moyenne n'aide personne à se préparer à ces changements. Et cela ne suffit pas non plus à assouvir une curiosité légitime.

Notre équipe, en revanche, bénéficie d'un aperçu assez exclusif des manifestations concrètes du climat dans le temps qu'il fait et de la manière dont ce dernier a modifié le risque de certains types d'événements météo extrêmes. Plusieurs grandes lignes se dégagent déjà de nos études.

Mais ce n'est pas simple pour autant, attendu que le changement climatique ne fonctionne pas comme un agent dopant qui se répartirait entre tous les événements météo et réchaufferait le temps partout à la fois. Du moins pas quand, en plus du réchauffement, la circulation atmosphérique est elle aussi modifiée.

Le changement climatique s'exprime dans la météo de façon on ne peut plus irrégulière, pour ne pas dire capricieuse. Il peut augmenter la probabilité d'un événement, la diminuer, ou n'avoir aucun effet sur sa fréquence. Dans les deux premiers cas, il influence le temps, mais avec une intensité et des conséquences très dissemblables.

À l'été 2003, l'Europe a subi une canicule de plusieurs semaines. On a mesuré des températures supérieures à 40 °C dans diverses localités allemandes, et jusqu'à 47,5 °C au Portugal. Pour les personnes âgées, ce fut une torture – plus que ne pouvait en supporter le système cardiovasculaire de beaucoup d'entre elles, qui s'effondraient en pleine rue ou dans leur appartement. À Paris, les pompes funèbres étaient si engorgées qu'un entrepôt réfrigéré du marché central de Rungis fut même transformé en morgue temporaire[1]. Selon les estimations des chercheur·euse·s français·es, 70 000 personnes de plus que les autres années sont décédées au cours de l'été dans toute l'Europe[2]. Ce fut l'une des catastrophes naturelles les plus terribles qu'ait jamais connu le continent, mais aussi un signal d'alarme : même ici, sous nos latitudes, la canicule peut tuer.

Lorsque la vague de chaleur suivante s'abattit sur l'Europe en 2006, la France était mieux armée. Les autorités conseillèrent à la population de ne pas s'exposer au soleil et de boire beaucoup d'eau. Elles permirent en outre aux habitant·e·s des villes dont les appartements étaient impossibles à rafraîchir d'accéder aux bâtiments publics climatisés. L'Europe semblait s'être habituée à ces nouvelles températures.

Lors de divers épisodes de canicule, le plus étonnant, et qui peut paraître anodin au premier abord, est que le changement climatique produit des effets disparates sur les températures selon l'endroit où l'on se trouve. Et c'est aussi vrai dans le cadre d'une seule et même canicule.

En voici un exemple. En juin 2017, la situation météorologique d'une grande partie de l'Europe était celle d'une vaste zone anticyclonique stationnaire. Des records de chaleur furent atteints aussi bien à l'aéroport londonien de Heathrow que dans la petite ville bavaroise de Kitzingen. Attisés par la chaleur, de gigantesques feux de forêt ravagèrent le Portugal. Naturellement, les températures absolues variaient d'un pays à l'autre : tandis qu'à Paris, avec 37 °C, le record de 2003 n'était pas battu, la Grande-Bretagne connaissait, le 21 juin, sa journée la plus chaude depuis plus de quarante ans, avec 34,5 °C.

Pour juger du caractère extrême d'un événement, y compris quand on parle de record, il faut se demander si le record précédent est battu de seulement un dixième, ou bien d'un degré entier. Pour la Belgique, la vague de chaleur[3] fut un événement qu'il faut désormais redouter tous les dix ans en raison du changement climatique, mais en Espagne seulement tous les 80 ans. Le changement climatique a au minimum quadruplé la probabilité de vague de chaleur en Belgique, tandis qu'en Espagne, cette probabilité a changé d'ordre de grandeur. En d'autres termes : en Espagne, où l'on a enregistré une température moyenne de 22,7 °C au cours de ce mois de juin 2017, une telle chaleur était jusqu'à présent inimaginable. Mais soudain, c'est une éventualité bien réelle. Extrême, mais réelle. En Belgique, au contraire, le record alors extrême de 18,1 °C de moyenne en juin doit désormais être considéré comme la nouvelle norme estivale*.

Ce type de décryptage peut paraître très savant et ne fait certes pas les gros titres. Mais c'est justement dans ces détails que se cache la différence entre un bel été à la plage et une

---

* NDLT : Il s'agit de températures moyennes sur tout le mois de juin, à la fois diurnes et nocturnes, et non de températures maximales.

terrible catastrophe naturelle. Et quand le changement climatique modifie drastiquement la probabilité d'une telle catastrophe, les États doivent intégralement revoir leurs politiques de prévention des risques.

Nos études ont donc mis en lumière notre vulnérabilité face au bouleversement du climat. Dans d'autres régions du monde, les sociétés ne sont pas aussi bien préparées aux vagues de chaleur. En 2015, dans l'État indien de l'Andhra Pradesh, plus de 1 800 personnes ont ainsi perdu la vie par des températures atteignant 48 °C. Les victimes se comptèrent essentiellement parmi les populations des bidonvilles, dépourvus d'arbres et de climatiseurs[4]. À l'époque, nous avions calculé que le changement climatique avait doublé la probabilité d'une telle canicule.

Pluies extrêmes

La Terre se réchauffe, et cela ne signifie pas seulement que la menace de canicules augmente partout dans le monde, quoique de façon différente selon les régions. Cela signifie également qu'il pleut davantage, puisque comme nous l'avons vu, une atmosphère réchauffée absorbe plus de vapeur d'eau. La règle est la suivante : si la Terre se réchauffe de 1 °C, les précipitations augmentent en moyenne de 7 %. Ce rapport a été établi dès le milieu du XIXe siècle par Rudolf Clausius et Benoît Paul Émile Clapeyron.

Mais notre objectif est de savoir ce que dissimule concrètement cette moyenne et si d'autres facteurs entrent en jeu.

Le 6 décembre 2015, il pleuvait sur la Grande-Bretagne. Cela n'a peut-être pas l'air d'un scoop, mais il pleuvait beaucoup. Vraiment beaucoup. En cause, la tempête Desmond qui soufflait sur le pays. Nous avons alors calculé que le changement climatique avait augmenté la probabilité de ces pluies extrêmes… de 5 à 80 %. Cette marge d'incertitude peut paraître énorme, mais il ne faut pas s'y fier. Le simple fait que la limite basse de la fourchette est supérieure à zéro permet d'affirmer que le changement climatique a clairement rehaussé la probabilité de l'événement. La limite haute, quant à elle, nous indique que cette probabilité n'a pas doublé (sans quoi l'augmentation serait de 100 %). Alors qu'autrefois Desmond aurait été la *tempête du siècle*, ce n'est plus aujourd'hui que la *tempête des 70 ans*. Déjà beaucoup plus fréquente, mais encore assez rare pour que, statistiquement, chaque Britannique n'en expérimente pas plus d'une au cours de sa vie.

Sous nos latitudes aussi, le changement climatique se tapit derrière bon nombre de pluies diluviennes, quoique ce soit beaucoup moins le cas que pour les vagues de chaleur. Par exemple, si vous construisez votre maison dans une prairie en zone alluviale, vous augmentez vous-même le risque d'avoir de l'eau dans la cave, bien plus que ne le fait le changement climatique…

Nos études montrent que pour des régions et des saisons similaires, les résultats relatifs aux précipitations diffèrent peu. Au point qu'il est presque superflu d'entamer une nouvelle recherche à chaque fois. Pourtant, c'est justement aux inondations de toutes sortes que s'intéressent le plus les médias.

Les choses deviennent beaucoup plus captivantes quand on se penche sur les régions subtropicales, comme la Louisiane par exemple. En 2016, cet État américain fut frappé par la plus terrible tempête de son histoire. Environ 100 000 maisons furent détruites et 13 personnes périrent noyées.

Nous avons pu attester par une étude d'attribution que les précipitations avaient été plus fortes d'au moins 10 % en raison du changement climatique, soit plus que les 7 % calculés par Clausius et Clapeyron. C'est dire que le réchauffement n'est pas le seul phénomène qui augmente les précipitations. Une modification de la circulation atmosphérique est également en cause.

Le changement climatique est nettement plus perceptible dans les chutes de pluie des régions subtropicales. Pour la Louisiane, nous avons découvert qu'il avait multiplié leur probabilité au moins par deux et possiblement par dix. Par leur ordre de grandeur, ces chiffres évoquent plutôt l'augmentation des canicules que celle, relativement modeste, des chutes de pluie hivernales en Europe.

Absence de vagues de froid

Le changement climatique laisse également sa marque sur un autre phénomène préoccupant, qui fait rarement les unes de la presse en dépit de ses conséquences dramatiques : l'absence d'épisodes hivernaux. En effet, on ne parle jamais du froid, sinon quand le mercure plonge de façon spectaculaire...

Pourtant, il serait nécessaire de mettre en lumière que les jours de gel sont de plus en plus rares et les hivers de plus en plus doux. Voir le cas de la Grande-Bretagne en novembre 2011.

C'était l'une de nos premières études à Oxford. Au niveau de la méthode, nous n'étions pas totalement au point, mais le résultat était si clair qu'il aurait pu être confirmé par n'importe quelle autre analyse : un mois de novembre sans nuit de gel, comme en 2011, est à prévoir tous les vingt ans dans notre monde au climat modifié. Sans changement climatique, cela n'arriverait que tous les 1 250 ans[5].

Pas de gel en novembre... Voilà qui ressemble plutôt à un non-événement. Mais quand tout l'hiver s'écoule sans que la température ne chute une seule fois sous la barre de 0 °C, les conséquences sont désastreuses. Je ne parle pas seulement de l'augmentation de vos piqûres de moustiques au printemps et en été, puisque la population d'insectes survit mieux qu'au cours d'hivers *normalement froids*. Je pense surtout aux parasites qui s'attaquent plus souvent aux animaux de ferme ainsi qu'aux cultures céréalières, maraîchères et fruitières. Pour les tenir en échec, les agriculteur·rice·s déversent donc d'autant plus de pesticides dans leurs champs. Par ailleurs, de nombreuses variétés cultivées sont programmées pour produire leurs bourgeons et leurs fleurs après les gelées... à condition qu'elles aient lieu !

Même dans les régions des États-Unis dominées par le Parti républicain, cette conséquence du changement climatique se fait ressentir. Malheureusement, il faudra sans doute attendre encore plusieurs hivers sans gel pour que tous réalisent enfin que cette anomalie n'est pas un simple manque de chance ni un effet banal de la variabilité naturelle de la météo[6].

À l'hiver 2017, la petite ville américaine d'International Falls, près de la frontière canadienne, était littéralement paralysée sous la glace par − 38 °C. Les habitant·e·s racontent que le froid faisait l'effet d'une brûlure sur la peau.

Depuis la Floride, où il passait les fêtes de fin d'année par 24 °C à l'ombre, le président Donald Trump commentait la vague de froid en ces termes : « Dans l'Est, on pourrait connaître la nuit de la Saint-Sylvestre la PLUS FROIDE qui ait jamais été enregistrée. Nous aurions peut-être besoin de ce bon vieil effet de serre, pour lequel notre Pays, contrairement aux autres pays, aurait dû payer des MILLIARDS DE DOLLARS pour s'en protéger. Couvrez-vous bien[7] ! »

Notre équipe de la *World Weather Attribution* a analysé cette vague de froid, mais également celle qui a frappé le Sud-Est de l'Europe en 2017. Dans les deux cas, le changement climatique avait diminué la probabilité de l'événement. Sans lui, il aurait fait encore plus froid. Ce qui n'a rien d'étonnant dans un monde qui se réchauffe...

Il existe cependant une théorie selon laquelle les vagues de froid deviendraient plus fréquentes, en particulier en

Amérique du Nord. Cette recrudescence s'expliquerait par la fonte de la banquise arctique et l'affaiblissement considérable du vortex polaire – un système météorologique qui stationne l'hiver au-dessus du pôle Nord et sépare l'air polaire du reste de la circulation atmosphérique. Au bout d'un moment, ce système amoindri se fractionne et l'air polaire migre vers le sud, répandant un froid glacial sur les continents. Il fait alors moins froid au pôle et plus froid dans la zone tempérée.

Des scientifiques ont pu simuler cet effet dans des modèles climatiques. Les résultats de leurs observations n'ont cependant livré aucun indice de l'augmentation de la fréquence du phénomène et ne dénotent pas non plus qu'il pourrait contrebalancer l'effet du réchauffement. Voici donc un exemple de débat en cours aujourd'hui au sein de la communauté scientifique, qui actualise et élargit en permanence ses connaissances. À ce jour, aucune réponse n'est définitive. Pour ma part, je pencherais volontiers en faveur d'hivers de plus en plus doux.

Quand le changement climatique se neutralise lui-même

Il arrive que le changement climatique ait une action avérée dans le déroulement d'un événement, mais qu'il agisse masqué, parce qu'il s'équilibre lui-même.

Les sécheresses constituent un bon exemple. Dans la mesure où les précipitations se multiplient, on pourrait penser que la sécheresse se réduit dans le monde. Mais les sécheresses ne se définissent pas par une simple absence de précipitations. Du moins pas dans les régions au climat humide, où toute l'eau tombée ne peut s'évaporer. Dans ce cas, l'évaporation joue un rôle aussi important que les précipitations. Le réchauffement lui-même occasionne donc plus de pluie et simultanément plus d'évaporation. Selon que l'un ou l'autre de ces deux effets domine, la probabilité de sécheresse augmente ou diminue.

Mais il se peut aussi que les deux effets soient de même intensité et que le risque de sécheresse reste identique. C'est exactement ce que nous avons pu constater pour une sécheresse dans la région de São Paulo au Brésil, en 2014. Bien que cette étude soit relativement ancienne, elle est parfaitement valide au plan méthodologique. Nous avons examiné séparément la pluie et l'évaporation, les deux facteurs de sécheresse les plus importants. Le risque de précipitations s'est accru en raison du changement climatique... en même temps que l'évaporation. Si pour évaluer le risque effectif de sécheresse, on combine ces deux variables, on s'aperçoit que les deux effets s'annulent. Ce fut le cas en 2014 à São Paulo. Le changement climatique influence donc lourdement le phénomène. Pour autant, le risque de sécheresse ne s'est ni amplifié ni atténué.

Dans cette étude, nous sommes allé·e·s un peu plus loin, en analysant aussi la consommation d'eau. Au cours des années précédant la sécheresse, elle s'est élevée de façon exponentielle. La sécheresse a donc eu des effets beaucoup plus marqués qu'elle n'en aurait eu il y a seulement dix ans, ce qui n'a, en l'occurrence, rien à voir avec le changement climatique. Autrement dit, ce qui aujourd'hui a tout l'air d'un événement météo essentiellement exacerbé par le changement climatique est plus probablement le résultat d'un défaut de planification ou d'une utilisation irraisonnée des ressources naturelles, à l'origine d'une catastrophe.

Autre exemple : la crue de l'Elbe de 2013. Le dérèglement climatique a certes été fondamental, mais sans augmenter ni abaisser le risque des pluies qui, en mai et juin, ont conduit aux graves inondations du bassin de l'Elbe et du haut Danube. Bien que la thermodynamique laisse entrevoir le développement des phénomènes de ce type, les résultats d'observation (les statistiques) ainsi que les modèles de simulation (la physique) indiquent que leur probabilité n'a pas évolué. Par conséquent, les modifications dynamiques ont dû neutraliser le signal thermodynamique dans la fréquence des systèmes dépressionnaires.

Mais comme le climat continue de se transformer dans le sens du réchauffement, cet équilibre pourrait être rompu à un moment donné. Dans notre étude relativement ancienne de la crue de l'Elbe, nous n'avions pas exploré cette piste. En revanche, nous l'avons fait dans celle de la sécheresse de São Paulo ainsi que dans toutes nos études ultérieures. Pour São Paulo, on peut prédire que cet équilibre, dans lequel le changement climatique se neutralise lui-même, se maintiendrait encore si la Terre se réchauffait de 2 °C.

Les grandes inconnues : tempêtes de grêle, tornades, etc.

Si nous avions en notre possession des modèles parfaits et des relevés météo de tous les paramètres qui occasionnent les systèmes et événements météorologiques les plus divers et variés, ce serait la fin de ce chapitre. Hélas ! Il reste des classes ou types de manifestations pour lesquels nous sommes toujours dans l'incapacité de fournir des résultats fiables. Parmi ces manifestations, citons les tempêtes de grêle, les tornades telles que celle qui souffla sur l'Allemagne en mai 2018, mais aussi d'autres phénomènes météo, qui se déroulent à une échelle si réduite qu'on ne peut les simuler dans les modèles climatiques ordinaires. Concernant les averses de grêle, nous ne disposons même pas de séries de données d'observation nous permettant de savoir où, quand et en quelle quantité les grêlons sont tombés.

Pour d'autres phénomènes, il nous arrive de constater, alors que l'étude est en cours, qu'aucun de nos modèles climatiques ne procure de simulation fiable. Dans ce cas également, il est donc impossible de déterminer le poids du changement climatique. Dans les régions du monde où des régimes météorologiques très différents se côtoient sur une toute petite surface, les modèles climatiques laissent beaucoup à désirer. Dans les montagnes par exemple. De même, il est particulièrement difficile de modéliser la circulation des pluies de mousson à l'endroit et au moment les plus propices.

Ni les revues spécialisées ni les médias grand public ne vous parleront jamais de tels événements. « Nous avons essayé, mais nous avons échoué » n'est effectivement pas une très bonne accroche ! Les événements pour lesquels nous établissons que l'intervention du changement climatique est minime ou inexistante n'attirent guère l'attention. Alors les études inachevées, faute de données ou de modèles, ont encore moins de chance ! C'est parfaitement compréhensible, quoiqu'il faille déplorer que la perception du changement climatique par le public s'en trouve déformée.

Les médias se saisissent en priorité d'études dans lesquelles le dérèglement climatique joue clairement un rôle de premier plan. Il en ressort l'impression que celui-ci aggrave tout. C'est parfois vrai, mais pas systématiquement, comme je l'ai notamment expliqué à propos de la sécheresse au Brésil. Rappelons qu'il peut être bien commode de faire du changement climatique un bouc émissaire hors d'atteinte.

Il est au moins aussi difficile de communiquer sur les événements dont la probabilité augmente selon les données d'observation, mais pas, peu ou prou, d'après les simulations modélisées. Cela tient parfois à un ou plusieurs modèles qui ne conçoivent pas de manière réaliste certains processus importants. Quand nous nous en apercevons, nous pouvons les exclure. Dans d'autres cas, en dépit de leur contradiction avec les données météo, les modèles passent tous les tests avec succès. Nous nous trouvons alors face à un problème…

Quand les êtres humains contrebalancent le changement climatique

Il y a aussi des cas où le changement climatique s'en mêle franchement, mais où ses répercussions sont contrebalancées par les êtres humains eux-mêmes. C'est ce qui s'est produit à Phalodi, dans le Nord-Ouest de l'Inde. Le 19 mai 2016, on y a mesuré la température record de 51 °C[8]. Dans le cadre d'une étude menée avec nos collègues de Delhi, nous avons découvert que la probabilité d'un tel événement n'avait pas augmenté.

Voilà qui peut sembler étonnant au premier abord. Après tout, les températures moyennes ont augmenté en Inde comme ailleurs. Mais il existe aussi toute une série d'explications à ce résultat. Afin d'irriguer les cultures dans la région, on retient de nos jours beaucoup plus d'eau que par le passé, ce qui a contribué à maintenir l'humidité et la fraîcheur de l'air.

De plus, la pollution de l'air aux particules de toutes sortes est très élevée. Or ces particules renvoient la lumière du soleil. Cette théorie reste malgré tout difficile à vérifier, en raison des modèles climatiques qui reproduisent médiocrement les interactions entre rayonnement et nanoparticules. Néanmoins, il faut très sérieusement la prendre en considération. Car s'il s'avère que les particules masquent effectivement l'action du changement climatique, si l'air devient plus propre, les températures maximales augmenteront dans des proportions faramineuses. Un autre exemple est celui des températures maximales en Europe. Elles ont brusquement augmenté au début des années 1990, quand de nombreuses industries des anciens pays soviétiques ont cessé leurs activités, entraînant l'amélioration de la qualité de l'air. Ceci n'est cependant pas un plaidoyer en faveur de la pollution. N'oublions pas que les particules en suspension dans l'air tuent beaucoup plus de personnes que les canicules.

Des résultats comme ceux de la sécheresse en Inde peuvent donc aussi être interprétés pour dire que le changement climatique ne joue pas encore un rôle important, parce qu'il est masqué par les activités humaines. Mais il pourrait bien se dévoiler d'autant plus brutalement d'ici peu.

Un aperçu de l'avenir

Les études d'attribution ne sont jamais que des clichés instantanés, en général largement suffisants pour isoler l'action du changement climatique. Dans certains cas comme celui de la canicule en Inde, les simulations du futur proche sont plus révélatrices. Car quelle que soit la nature de ce qui neutralise actuellement les effets du changement climatique, ce dernier phénomène ne devrait pas tarder à faire tomber son « cache-misère ». Bien entendu, les méthodes qui nous permettent de calculer comment le temps s'est modifié jusqu'à présent sous l'influence du changement climatique ne servent pas seulement à étudier le passé. Au lieu de comparer notre monde réel avec un monde exempt de changement climatique, nous pouvons aussi comparer le monde actuel avec le monde à venir. Et donc simuler le temps qu'il ferait si la Terre se réchauffait de 1,5 °C, voire 2, 3, 4 ou même 5 !

Les projections sur l'avenir constituent également une méthode capitale permettant de vérifier les résultats de l'attribution. Quand nous identifions l'influence univoque du changement climatique, et que les modèles de simulation confirment un effet similaire – quoique plus marqué – pour l'avenir, le résultat est d'autant plus fiable. Au contraire, si les projections esquissent une tout autre tendance, c'est peut-être le signe que nous en avions une compréhension globale insuffisante. En outre, les résultats de nos recherches sont d'autant plus utiles que nous les établissons dans le cadre de prévisions à longue échéance. Car dès lors que nous savons que le changement climatique pèse massivement et qu'une météo extrême n'est pas un simple manque de chance, les politiques et les équipes d'organisation des secours peuvent s'y préparer.

Mais quand le fait que le changement climatique ait pipé les dés n'entre pas, ou presque, en ligne de compte, c'est aux autorités locales et aux urbanistes que revient la tâche de minimiser les risques.

Jour 15

Le matin du 8 septembre 2017, depuis mon bureau d'Oxford, j'ouvre un courriel à l'objet lapidaire : « *Update on yesterday's call* ». Il contient tout simplement la réponse à la question : « Quelle part de changement climatique se cachait donc dans les chutes de pluies occasionnées par Harvey ? »

Résultat : la tempête portait l'empreinte la plus visible qu'ait jamais laissé le changement climatique depuis le début de nos enquêtes sur les pluies extrêmes. En substance, il a environ *triplé* la probabilité de l'événement. C'est ce qu'indique la comparaison du climat actuel avec les simulations d'un monde indemne de changement climatique

Sans le dérèglement du climat, ce genre de déluge serait plus rare. Et avec une probabilité de récurrence tous les 9 000 ans, il reste exceptionnel. Cependant, si la Terre se réchauffait encore de 1 °C supplémentaire, la probabilité de telles pluies serait de nouveau multipliée par trois, de sorte qu'il deviendrait nécessaire de se préparer sur le long terme à ce type d'événements.

Je rappelle que nous ne cherchions pas un chiffre, mais une fourchette. Selon les estimations les plus optimistes de ce modèle, la probabilité de Harvey a *au moins* doublé, voire quadruplé, et un facteur dix n'est absolument pas à exclure.

Ce résultat n'est pas vraiment une nouvelle pour nous. Nous l'avions déjà calculé à l'aide des relevés pendant la phase de définition de Harvey. Mais aujourd'hui, nous pouvons le comparer avec la simulation du modèle de Geert Jan et Karin. Or, cette simulation montre une probabilité légèrement plus faible que ce que les relevés suggéraient, avec une certaine marge d'incertitude. À défaut d'être identiques les résultats se recoupent.

Pour l'instant, il ne s'agit que d'un seul modèle. Car pour le modèle américain, nous n'avons en notre possession que les données de l'étude de l'année précédente relative à la Louisiane et qui n'englobait pas Houston. Malheureusement, le modèle hébergé au Mexique ayant mis quelque temps pour atterrir sur un serveur où nous pouvions l'étudier, nous aurons encore besoin de plusieurs jours afin de poursuivre l'analyse avec d'autres modèles. Eu égard au niveau d'exigence de notre équipe, nous considérons le chiffre dont nous disposons comme un résultat intermédiaire. En principe, il est cependant déjà très fiable, puisqu'il est très proche de l'étude de l'année antérieure.

Comme quasiment tous les résultats de nos études, il ne nous a pas été dévoilé instantanément ni avec fracas, mais au fur et à mesure de nos travaux. Nous n'en éprouvons pas moins une évidente satisfaction, quand toutes les pièces du puzzle finissent par s'emboîter.

Reste à décider si nous publions immédiatement le chiffre disponible ou si nous attendons encore. J'argue que la première solution ne correspond pas vraiment au standard que nous nous sommes fixé. Après tout, nous n'avons appliqué qu'un seul modèle.

D'autres membres de l'équipe remarquent que les relevés et le modèle coïncident, et que les deux types de données concordent avec ce que l'on pouvait attendre du point de vue de la physique. Il ne devrait donc pas y avoir de surprise. Et dans le fond, ce que nous avons déjà publié ne différait guère de ce nouveau résultat, même si nous n'avions évoqué qu'une tendance. Maintenant que nous avons en main des chiffres concrets, la pression monte. Harvey n'a pas totalement disparu des médias, mais il y a fort à parier que cela ne durera pas...

C'est d'ailleurs exactement ce qui se profile, depuis qu'un nouvel ouragan meurtrier souffle sur l'Atlantique, attirant toute l'attention sur lui. Il s'agit d'Irma qui, le 5 septembre 2017, a littéralement dévasté l'île de Barbuda avec des vents à 300 km/h. Presque tous les bâtiments sont détruits et les 1 800 insulaires ont dû être déplacé·e·s sur l'île voisine d'Antigua. Il ne subsiste que des chiens, des chats, ânes et cochons qui, en l'absence de leurs maître·sse·s, errent affamés parmi les ruines[9].

L'idéal serait que nous puissions apporter des réponses à propos de Harvey *et* d'Irma. Mais pour cela nous aurions eu besoin d'une équipe composée de beaucoup plus de scientifiques, qui s'emploient exclusivement aux études d'attribution.

Un vrai dilemme, auquel je ne trouve toujours pas de réponse. L'étude la plus rapide que nous ayons menée est celle de la tempête britannique Desmond. Nous l'avions bouclée en cinq jours, pendant lesquels nous nous y étions intégralement consacré·e·s. Nous ne battrons ce record qu'avec la vague de chaleur de 2018 en Europe du Nord — un événement un peu moins complexe, pour lequel nous serons alors suffisamment entraîné·e·s. Pour répondre à la question de l'attribution des deux ouragans, il nous faudrait soit beaucoup de temps et de personnel qualifié, soit au minimum beaucoup d'expérience et de personnel qualifié. À long terme, le problème trouvera sa solution. Dans l'immédiat, ou plutôt dans l'urgence qui est la nôtre, la situation est très insatisfaisante.

C'est finalement un collègue de l'université de Californie Berkeley qui tranche pour nous la question de savoir si pouvons nous permettre d'attendre encore un peu. Le climatologue Michael Wehner nous explique que lui aussi travaille sur une étude de l'événement, toutefois entièrement basée sur les relevés d'observation et qui s'apparente donc davantage à une étude de détection. Il vient de l'envoyer à un journal spécialisé. Cela ne nous surprend pas outre mesure, car Michael et son équipe planchent depuis un moment déjà sur les ouragans. Et depuis le début, il est convaincu de l'importance de réaliser des études d'attribution en temps réel, de façon à communiquer au grand public ce que le changement climatique signifie vraiment – surtout aux États-Unis. D'un point de vue scientifique, disposer d'une deuxième étude est une chance incroyable, car cela rime pour nous avec plus de données, de méthodes et de contributions de chercheur·euse·s indépendant·e·s – autant d'éléments qui rehaussent le degré de confiance que nous pouvons avoir dans nos résultats. Au plan de la communication, par contre, ce n'est pas forcément une bonne nouvelle. D'autres méthodes impliquent d'autres chiffres. En l'occurrence, l'étape attribution est absente de cette étude supplémentaire. Quoique les deux enquêtes ne diffèrent que très peu, cela complique la diffusion de l'information à leur sujet.

En effet, l'analyse de relevés d'observation suffit à constater si la probabilité d'un événement s'est modifiée, mais pas à dire si le changement climatique ou un autre facteur en est la cause prédominante. Ce n'est donc pas une étude d'attribution, et Michael n'a jamais rien affirmé de tel. Aux yeux des profanes néanmoins, cette distinction n'est pas forcément très claire. Tout comme nous, Michael est conscient du risque de confusion, c'est pourquoi il nous a averti·e·s.

Son étude sera soumise à la relecture par les pairs. Autant dire que notre équipe est pratiquement obligée de passer elle aussi par cette procédure chronophage. Pour nous autres scientifiques, nous assurer que personne ne tente de nous dresser les uns contre les autres est plus important que de publier nos résultats en temps record. Et nous respectons le standard que nous nous sommes fixé : pas d'études d'attribution en temps réel sur de nouveaux types d'événements.

Aucun membre de notre équipe n'est enchanté de prendre cette décision. Nous avons un résultat, et bien qu'il s'agisse *stricto sensu* d'une nouvelle catégorie d'événements, des pluies associées à une dépression tropicale (comme en Louisiane) ne se distinguent pas radicalement de pluies associées à un ouragan (Harvey).

Nous payons cher le prix de notre réserve, en laissant pendant près d'un mois le débat public à des intervenants dont les dires et actions ne sont pas dictés par la connaissance des faits. Et nous prenons le risque de présenter notre résultat quand plus personne ne s'y intéressera. D'un autre côté (j'en suis persuadée à l'époque, et la suite me donnera raison), Harvey constitue une telle catastrophe pour les États-Unis qu'il ne sera pas oublié de sitôt.

En outre, les États-Unis sont en ce moment si sceptiques vis-à-vis des sciences, et adeptes des *faits alternatifs*, que nos données se doivent d'être infaillibles. D'autant plus que les ouragans sont pour nous une terre vierge, et que les États-Unis ne sont plus tout à fait le même pays qu'en 2016, quand nous avions étudié les inondations en Louisiane.

Le fait que le changement climatique ait augmenté la probabilité de Harvey (que ce soit par un facteur trois ou quatre, peu importe) pose moult questions qui risquent de mettre les administrations de Washington, Austin et Houston dans une position très inconfortable.

II.

Conséquences :
ce que permet la science
de l'attribution
d'événements

Défaut de planification : quand on l'ignore, le changement climatique se venge

Un an avant que Harvey ne submerge Houston pendant des jours, au prix de 83 mort·e·s et 125 milliards de dollars de dégâts (ce qui lui vaut la palme de l'ouragan le plus coûteux de l'histoire des États-Unis)[1], Michael Talbott avait donné une remarquable interview. Directeur depuis de longues années du bureau de protection contre les inondations du Harris County, dont fait partie Houston, il était interrogé par des journalistes du *Texas Tribune*, peu de temps avant son départ en retraite. À la question de savoir si ses services prenaient en compte le changement climatique dans les plans de protection de Houston, Talbott répondait : « J'aimerais bien que quelqu'un me dise ce que c'est que ça, poursuivant : Donnez-moi un chiffre ! Quel est donc le chiffre auquel je dois me référer, sinon aux chiffres historiques[2] ? »

D'après le directeur, on ne parlerait guère de changement climatique au sein de son administration. D'ailleurs, il ne voyait dans les fortes pluies de cette année-là que la *nouvelle norme* — contrairement aux expert·e·s de la science ou aux représentant·e·s de la sphère écologiste, dont le programme environnemental « défie le bon sens, dans bien des cas », selon lui. Verdict : ces gens-là « sont contre la croissance ».

On ne peut pas reprocher à Talbott de ne pas s'être acquitté de sa tâche ni d'avoir négligemment livré au déluge la quatrième ville des États-Unis. Au cours de ses 35 ans de service, il a commandé l'élargissement des canaux et cours d'eau afin d'améliorer la capacité d'évacuation des eaux de Houston. Cependant, il a refusé d'ordonner des mesures plus drastiques, comme endiguer la croissance tentaculaire de la ville ou étendre les zones inconstructibles[3].

Houston porte bien son surnom de *ville sans limites* : de 1995 à 2015, le nombre de ses habitant·e·s a augmenté d'un quart, pour atteindre 2,2 millions. C'est la seule ville américaine qui ne possède pas de loi sur le découpage du territoire. N'importe qui peut y construire à peu près n'importe quoi, n'importe où – y compris sur des terrains qui, en temps normal, devraient absorber les crues comme des éponges.

Les conséquences sont survenues sous les traits de Harvey fin août 2017, quand le génie militaire a décidé d'inonder de façon contrôlée une zone à l'ouest de la ville, dans le but de prévenir le débordement de deux réservoirs, et par conséquent d'éviter une catastrophe plus grande encore dans le centre-ville. Cette zone avait d'ailleurs été prévue pour servir de bassin de rétention, mais l'éventualité de chutes de pluie extrêmes liées à des ouragans avait été négligée, car considérée trop peu probable... et le secteur avait été partiellement construit[4].

C'est en pleine nuit que l'eau est montée, inondant les rues et les maisons, piégeant de nombreux·ses habitant·e·s pris·es au dépourvu. Des personnes âgées auraient raconté par la suite qu'elles avaient été réveillées par une sensation étrange, comme si elles se trouvaient dans un lit à eau, dont le matelas rempli de ce liquide procure une sensation caractéristique[5].

L'un des quartiers inondés envahis par l'armée ce jour-là comptait parmi les plus riches de la ville, habité par de nombreux·ses employé·e·s des compagnies pétrolières telles que BP, Shell et ExxonMobil – les entreprises qui, par leur modèle économique, ont majoré la masse d'eau véhiculée par Harvey.

Les spécialistes des inondations ont aussi critiqué l'inadéquation du système d'égouts en cas de grosse tempête[6]. Il·elle·s ont expliqué qu'une meilleure planification urbanistique n'aurait certes pas empêché Harvey de causer ses terribles dégâts, mais qu'elle les aurait nettement atténués.

« Du point de vue des infrastructures, Houston, c'est le Far West. On ne peut pas évoquer la moindre tentative de régulation sans susciter une réaction hostile de la part de gens qui considèrent cela comme une atteinte au droit de propriété et un frein à la croissance économique », déclare Samuel Brody, directeur du centre d'études du littoral texan à l'université A&M, aux journalistes du *Washington Post*[7]. Ajoutant : « Le système d'évacuation des eaux de pluie n'a jamais été prévu pour un événement plus conséquent qu'un gros orage d'après-midi. »

Houston traduit ainsi une tendance soutenue par les conservateurs américains, consistant à s'opposer à toute forme de régulation, et qui a même réussi à investir la Maison Blanche. Le gouvernement Trump dénigre ainsi la protection du climat, jugée contraire aux intérêts de l'économie, au point d'exclure ce mot des documents officiels. Comme si l'on pouvait rayer d'un trait de plume l'un des plus grands problèmes auxquels l'humanité est confrontée…

Michael Talbott se retrouve donc en bonne compagnie. Les responsables de l'urbanisme font tout simplement abstraction des nouveaux défis engendrés par le changement climatique.

Quand on parle de planification, peu importe l'échelle, il s'agit d'évaluer les risques et les coûts. Mais il faut d'abord identifier les dangers éventuellement encourus. On peut comprendre que les urbanistes équipent les villes tout au plus pour des événements susceptibles de se manifester une fois par siècle, tandis que les événements extrêmes, encore moins probables, sont relégués au rang de catastrophes naturelles contre lesquelles les êtres humains sont impuissants. Toutefois, il faut déjà avoir une petite idée de ce que serait *l'événement du siècle*. En la circonstance, les chiffres dont disposaient les autorités à Houston étaient obsolètes.

L'équipe de la *World Weather Attribution* est parvenue à prouver que le changement climatique avait considérablement augmenté la probabilité de Harvey, et ce, en s'appuyant sur des chiffres. L'affirmation de Talbott, selon laquelle il serait impossible de calculer l'impact du changement climatique, est fausse.

Notre étude sur Harvey parut le 14 décembre 2017. La conférence de presse eut lieu dans les salles étouffantes et privées de fenêtres du palais des congrès de La Nouvelle-Orléans, où se tenait alors, autour de l'Union américaine de géophysique (American Geophysical Union, AGU), le plus gros sommet de climatologie au monde. Sur l'estrade, l'équipe de la *World Weather Attribution* était représentée par Karin, au côté de Michael Wehner, qui venait lui aussi de réaliser une étude sur Harvey. Karin avait bien un peu le trac avant la première conférence de presse de sa carrière, mais cela ne l'a pas empêchée de résumer avec aisance les résultats de nos travaux : le changement climatique a indéniablement augmenté l'intensité des précipitations sur Houston. Au cours de l'été 2017, on a mesuré jusqu'à 1 000 mm d'eau en trois jours, soit 12 à 22 % de pluie en plus que dans un monde qui ne connaîtrait pas le changement climatique. Ce changement est donc responsable d'une différence significative, même si sans lui Harvey aurait semblablement dévasté la métropole texane.

Trois autres études sont parvenues à la même conclusion[8]. Elles émanent de climatologues qui ont analysé Harvey chacun·e de leur côté, en toute indépendance et au moyen de méthodes entièrement différentes. C'est un triomphe pour la communauté scientifique. Pour nous en particulier, c'est la preuve que les membres de la *World Weather Attribution* ne sont pas une poignée d'illuminé·e·s, mais des scientifiques parfaitement compétent·e·s et conscient·e·s de leur mission.

Les pluies extrêmes comme celles de Harvey ne sont pas seulement devenues plus violentes, elles sont aussi plus fréquentes. Le changement climatique a fait plus ou moins tripler la probabilité de précipitations d'une telle intensité, soit plus que nous ne l'aurions déduit en considérant le seul rapport entre le réchauffement de l'atmosphère et le risque de pluie.

Quoique Harvey demeure un événement extrêmement rare, il devrait donner à réfléchir aux responsables de l'urbanisme, et pas uniquement parce que la probabilité d'une catastrophe augmente en même temps que la température de la Terre. Beaucoup se disent qu'un jour, dans un avenir que l'on souhaite lointain, Harvey ne sera plus aussi inhabituel.

Certes. Mais en fait Harvey nous réserve un danger bien plus immédiat. Pour vous le démontrer, je dois commencer par vous parler d'un publiciste et pacifiste radical, né en 1891 à Munich. Il s'agit d'Emil Julius Gumbel, fervent défenseur de la république de Weimar, mais également mathématicien distingué par ses recherches en statistique. La loi qui porte son nom décrit une particularité statistique qui régit les chutes de pluie, même extrêmes, dans de nombreuses régions du monde – y compris à Houston, ainsi que nous l'avons constaté. De fait, contrairement aux températures extrêmes, les fortes pluies comme celles de Houston se comportent toujours de la même façon, indépendamment de la rareté de l'événement. Cela signifie que si la probabilité de ce qui était jusque-là la pluie du millénaire est multipliée par trois, la même probabilité s'applique pour la pluie du siècle (sauf que dans le premier cas, l'incertitude est plus grande, car moins de données sont disponibles). En conclusion, ce qui dans un monde sans changement climatique serait la *pluie du siècle*, avec 105 mm d'eau par jour, risque désormais de survenir tous les trente ans dans le monde actuel. C'est encore loin de l'intensité de Harvey avec ses 335 mm quotidiens, mais déjà suffisant pour causer une catastrophe.

Plus d'un millier de médias ont évoqué notre étude, souvent de manière très exhaustive et documentée, à l'instar du *Washington Post* et du *New York Times*. Même *Breitbart News*, l'un des principaux médias de l'ultradroite américaine, a cité Karin, qui a répondu un oui catégorique à la question de savoir si le changement climatique avait augmenté la probabilité de Harvey[9]. Toute cette attention aide aussi bien la population que les politiques à comprendre que le changement climatique est une réalité. Ici et maintenant !

Évidemment, les urbanistes et les décideur·euse·s de Houston auraient bien eu besoin d'une étude telle que la nôtre *avant* Harvey… En vérité, les coups d'avertisseur sur le risque d'intensification des précipitations en raison du changement climatique n'ont pas manqué au cours des dernières années[10]. Et la série de tempêtes tropicales qui se sont invitées à Houston depuis 1998 aurait déjà dû les alerter. Plusieurs années avant Harvey, des centaines de propriétaires de maisons situées dans l'agglomération avaient réclamé des dommages et intérêts après avoir subi les inondations de trois tempêtes tropicales entre 1998 et 2002. Le tribunal avait alors rejeté la plainte, principalement au motif que les propriétaires eux·elles-mêmes avaient invoqué des causes multiples à ces inondations, parmi lesquelles « quelque chose qui nous dépasse » (*acts of God* en anglais, la « volonté divine »)[11].

Sous la direction de Talbott et de son successeur, les dernières évolutions liées au changement climatique étaient tout bonnement ignorées. Le calcul de ce que pouvait représenter *l'événement du siècle* reposait sur des données datant du milieu du xxᵉ siècle, une époque où la température globale moyenne n'avait encore augmenté que d'un ou deux dixièmes de degrés.

Attendre que la catastrophe arrive

Houston n'est pas un cas isolé. Au vu des dégâts record occasionnés par les tornades au cours de notre jeune xxiᵉ siècle, on aurait pu espérer que les villes et les États américains adaptent leurs plans de protection des inondations aux pronostics climatiques. Mais cela n'a bien souvent été réalisé qu'après les catastrophes. À New York, il a fallu attendre l'ouragan Sandy pour remonter des sous-sols des hôpitaux les groupes électrogènes d'urgence. Et la Caroline du Nord avait elle aussi attendu trop longtemps.

Avec sa longue côte de très faible élévation, cet État est particulièrement vulnérable aux cyclones. Il y a quelques années, son conservatoire du littoral a mis au point un programme de prévention qui envisageait le pire scénario possible, prévoyant la montée du niveau de la mer d'un mètre au cours du siècle à venir. Les politiques ont certes réagi, mais à l'encontre de toute logique, puisqu'en 2012, le parlement à majorité républicaine promulgua une loi interdisant la mise en œuvre d'opérations s'appuyant sur ce type de prévisions[12].

Pourquoi ? Parce que les entreprises de promotion immobilière craignaient que leurs biens et terrains perdent de la valeur, et que leurs tarifs d'assurance augmentent. Au lieu de se préparer au pire, les politiques ont décidé d'évaluer le risque… sur la base des relevés météo historiques. Les choses n'ont guère changé à l'arrivée du nouveau gouverneur Roy Cooper, bien qu'il se soit officiellement joint à l'alliance des États américains engagés à tenir les objectifs de l'accord de Paris. « Au lieu de cela, l'urbanisation côtière continue à se développer : on ne cesse de construire des marinas, des autoroutes et des ponts pour faciliter l'accès à nos superbes plages », écrit le géologue spécialiste du littoral Orrin Pilkey dans le quotidien régional *The News & Observer*[13]. « Pour le moment, le plan tacite est d'attendre que la catastrophe arrive avant de réagir. »

L'attente fut de courte durée ! Mi-septembre 2018, la tempête tropicale Florence lessive la Caroline du Nord, qui se retrouve partiellement submergée sous des trombes d'eau, tout comme la Caroline du Sud et la Virginie. Des dizaines de personnes trouvent la mort dans les inondations. Les expert·e·s estiment les dégâts à plus de 17 milliards de dollars[14].

Dans un monde parfait, l'ensemble des urbanistes auraient conscience de tous les risques, de leur étendue, et les études d'attribution ne serviraient à rien. Chacun·e saurait quels sont les événements critiques et prendrait en compte aussi bien les simulations climatiques que les données météo. Malheureusement, la majorité des gens n'appréhendent les risques et leur propre vulnérabilité qu'au moment de la catastrophe. Au fond, le changement climatique ne capte l'attention que lorsqu'il porte atteinte aux intérêts individuels, surtout à l'échelle locale. Puis l'émoi que suscite le drame finit naturellement par s'estomper. Bien sûr, il y a toujours eu des phénomènes météo extrêmes, mais face à une étude d'attribution, nul ne peut plus se contenter de reléguer une catastrophe au rang de simple *malchance*.

Sur ce point, l'Europe ne fait pas exception, ainsi que l'a montré la canicule record de 2003. Les hôpitaux et les autorités étaient simplement mal préparés. Considérant le nombre de victimes, il était inévitable de s'interroger pour savoir s'il ne s'agissait encore que de météo ou déjà de climat. La première étude d'attribution[15] jamais réalisée apporta la réponse un an plus tard, affirmant que le dérèglement climatique avait au moins doublé la probabilité d'une vague de chaleur de cette intensité (les études qui ont suivi ont trouvé des changements de probabilité beaucoup plus importants). Il va falloir nous habituer à de tels étés, car ils ne manqueront pas de se reproduire.

L'Europe s'est depuis armée contre les canicules. Quand en 2006, une vague de chaleur comparable s'est emparée de la France, il y eut nettement moins de mort·e·s que trois ans plus tôt. Cela dit, on ne peut se retenir de supposer que la réactivité de l'administration doit plus au choc du nombre de mort·e·s de 2003 qu'à l'étude d'attribution. Lors de sa parution en 2004, cette dernière aura au moins eu le mérite de lancer le débat sur le changement climatique et la canicule, en se basant sur des chiffres concrets. Pensons que cela aura sans doute permis de mettre un peu en lumière la nécessité d'une meilleure préparation. Ainsi, le plan canicule du service de santé britannique NHS, rédigé en 2004, cite les chiffres de l'étude en question dans son préambule.

Dépassés par les impondérables du changement climatique

Cependant, l'exemple des Pays-Bas montre que l'on ne peut pas actualiser la planification une fois pour toutes. Il faut en permanence adapter l'organisation et les structures aux impondérables du changement climatique. Depuis 2003, chaque fois que le mercure s'est affolé entre juin et août, les autorités néerlandaises ont régulièrement rappelé à la population de boire suffisamment, d'éviter l'exposition directe au soleil et de dormir sur le canapé au cas où il ferait trop chaud dans la chambre à coucher. Au cours de ces mois-là, les différents avertissements et mesures de sécurité ont contribué à maintenir un nombre très bas de victimes.

Et puis le mois de septembre 2016 est arrivé. Dans des villes comme Amsterdam et Utrecht, on a enregistré des températures formidablement hautes pendant une semaine, de jour comme de nuit. Les hôpitaux ont soudain vu affluer des personnes âgées déshydratées. Que s'était-il passé ? N'avait-on rien retenu de la leçon de 2003 ?

Certes, les administrations en charge des canicules avaient bien tiré quelques enseignements, mais elles n'avaient établi de plan que pour la période de l'été météorologique. Elles n'avaient pas envisagé de risque de canicule après la fin août, et de fait n'avaient aucun plan concernant le mois de septembre. Cette canicule de fin d'été constitua donc un nouveau signal d'alarme et une bonne leçon : une canicule ne se définit pas à partir du calendrier, mais de températures effectives. La prise de conscience de cet impératif fut scellée par une étude d'attribution de mon collègue Geert Jan, du KNMI, l'Institut météorologique royal des Pays-Bas.

Quiconque veut préparer sa ville aux caprices de la météo doit exactement connaître les effets à venir du changement climatique. Les ignorer ou les prendre insuffisamment en considération peut se révéler aussi dommageable que les surestimer.

À l'été 2018, des chercheur·euse·s américain·e·s ont d'ailleurs décrit dans la revue scientifique *Nature Climate Change* les effets d'un excès de zèle à la suite d'événements extrêmes[16]. Ils relatent des cas dans lesquels des mesures à court terme et limitées à l'échelle locale se sont révélées contre-productives. Il en va de digues réparées immédiatement après les inondations, alors que leur hauteur aurait dû être revue, ou de l'eau, dont il aurait fallu réviser la gestion. De même ces villes et communes qui investissent dans des sacs de sable, bien que les inondations soient extrêmement peu probables dans leur périmètre, et que la région risque davantage d'être soumise à des événements d'une tout autre nature, notamment des sécheresses, que personne ne prend en compte.

Les études d'attribution en elles-mêmes ne sont pas la panacée contre l'excès de zèle ou la *maladaptation*, comme le disent les spécialistes en anglais, c'est-à-dire des mesures d'adaptation qui échouent à réduire la vulnérabilité sur le long terme, voire provoquent des effets inverses. Néanmoins, les études d'attribution, en particulier si elles sont disponibles immédiatement après l'événement, peuvent vraiment permettre aux responsables de mieux évaluer le risque, puisqu'elles calculent la probabilité de l'événement dans le climat actuel, mais aussi l'évolution de cette probabilité dans un passé récent et un avenir proche. On ne doit pas prendre les mêmes mesures selon qu'une digue cède à un événement qui risque de survenir tous les mille ans ou beaucoup plus fréquemment. À l'identique, on ne réagit pas de la même manière selon que la contingence d'un événement diminue ou augmente.

Les études d'attribution se révèlent donc fort utiles. Pourtant, il est rare que les gouvernements, quels qu'ils soient, y aient recours pour s'adapter à l'évolution du climat. Il faut croire que notre discipline est encore trop récente et que le public n'est pas encore habitué à ce que des scientifiques livrent leurs informations dans de si brefs délais. Notre plus grand succès serait que notre travail soit si profondément et si solidement ancré dans les esprits des citoyen·ne·s et des décideur·euse·s, que nous finissions par être considéré·e·s comme terriblement ennuyeux·ses. Qui sait ? Ce jour-là est peut-être moins éloigné qu'on pourrait le croire…

Vers une équipe européenne
d'attribution

En octobre 2017, dans les sous-sols du ministère des Transports de la République tchèque, en plein centre du vieux Prague, des représentant·e·s des services météorologiques de toute l'Europe se réunirent, ainsi que des scientifiques de notre spécialité. Il y avait à l'ordre du jour la mise en place d'une équipe d'attribution pérenne à l'échelle de l'Europe, dont la mission serait de décortiquer le rôle du changement climatique dans chaque événement extrême. La rencontre était organisée par Copernicus, un observatoire de la Terre dont un département se consacre au changement climatique. Cet organisme est mandaté par la Commission européenne et les gouvernements nationaux pour émettre des prévisions sur l'état du climat et proposer des solutions d'adaptation. En principe, cette réunion devait permettre d'établir si la collaboration d'une telle équipe, spécialisée dans l'attribution, était nécessaire. Dans les faits, la discussion ne porta que sur le calendrier et les conditions de sa mise en place.

Dans l'idéal, l'équipe entrera en fonction très bientôt, et constituera un service qui s'occupera exclusivement de sonder les causes des événements météo en l'espace de quelques jours, dimanche et jours fériés inclus. En résumé, elle devra trouver des réponses immédiates à la question de savoir quelle empreinte le changement climatique laisse sur les différents événements météo en Europe.

Dans un premier temps, les études se concentreront nécessairement sur les vagues de chaleur et de froid ainsi que sur les pluies extrêmes couvrant de larges zones. Pour ce qui est du vent, de la sécheresse et des orages, nous devons continuer à expérimenter nos processus, intégrer de nouveaux modèles et développer des méthodes totalement originales. Mais nous pressentons déjà que, dans un avenir peut-être pas si lointain, les études d'attribution feront tout naturellement partie des éléments référentiels de la planification des gouvernements et administrations.

Les services nationaux de météorologie commencent déjà à se saisir de notre travail. Depuis que nous avons montré que nos méthodes fonctionnent, ils reçoivent après chaque événement des appels de journalistes qui les questionnent sur le rôle du changement climatique. Or la plupart du temps, ils doivent passer la main et ne parlent que d'évolutions globales. De notre côté, nous pouvons prouver le rôle du changement climatique dans une inondation ou une sécheresse, mais au total sur un nombre assez réduit d'événements en raison du faible effectif de notre équipe. C'est pourquoi notre expertise compléterait à merveille les ressources des services météo.

En janvier 2018, j'ai visité le Service météorologique allemand (Deutscher Wetterdienst, DWD) à Offenbach, afin d'évaluer par quels moyens ses équipes pourraient commencer à réaliser des études sur l'Allemagne. Pour moi, qui suis habituée à prendre toutes les décisions et à travailler au sein d'une équipe de deux à cinq personnes, la rencontre avec cette administration gigantesque fut un sacré choc culturel. Cela ne nous a pas empêchés de bien nous comprendre : le DWD organise actuellement en interne sa propre équipe d'attribution d'événements extrêmes. Il serait ainsi le premier service météo au monde à établir en l'espace de quelques jours les liens d'un événement extrême avec le changement climatique[17]. À partir de 2020, ou peut-être dès 2019, cette administration publiera immédiatement ses résultats concernant les inondations, canicules ou précipitations sur les réseaux sociaux, et l'étude correspondante une ou deux semaines plus tard. « Mettre en lumière le lien entre le climat et la météo fait partie de notre mission », déclare Paul Becker au magazine scientifique américain *Nature*[18], complétant : « Il y a une demande pour ce type d'informations, nous avons les moyens scientifiques de les délivrer et nous sommes heureux de les faire connaître au plus grand nombre. »

Si l'on décelait uniformément l'empreinte du changement climatique sur les événements météo par des méthodes standard, les décideur·euse·s pourraient mener leur tâche de planification plus efficacement qu'avec toutes les séries d'études dans lesquelles le mot canicule recouvre chaque fois une définition différente. Au cours des cinq dernières années, nous nous sommes surtout occupé·e·s à comprendre quelles étaient les méthodes les plus appropriées. Depuis un an environ, les scientifiques s'accordent volontiers sur la forme que doit avoir une étude d'attribution pour relier le temps au climat de façon à obtenir des résultats fiables et apporter des réponses à des questions spécifiques – le stress thermique ou la température par exemple. Tout est donc prêt pour la mise en place d'un service d'attribution climatique européen. Voilà qui représenterait pour notre discipline un progrès majeur ainsi qu'une belle opportunité d'éveiller les consciences sur le changement climatique et les événements extrêmes.

Mais plus encore que dans le monde industrialisé, c'est surtout dans les pays en développement qu'un travail d'attribution régulier prendrait tout son sens, car les événements extrêmes y ont des conséquences bien plus dramatiques. Éminemment plus vulnérables, ces pays sont également soumis à une augmentation beaucoup plus rapide du risque d'événements extrêmes[19].

D'un autre côté, dès qu'une tempête ou une sécheresse dévaste leur pays, de nombreux gouvernements du Sud ont tendance à systématiquement pointer du doigt le changement climatique et la culpabilité historique de l'Occident. Or ces accusations sont souvent infondées.

Le monde a besoin de clarté, et c'est ce que proposent nos études. C'est en identifiant les véritables coupables que l'on peut passer à l'action.

Préférer les faits au fatalisme : connaître les causes des catastrophes permet de passer à l'action

Lors de mon arrivée à l'aéroport du Cap, en février 2018, j'ai instantanément été frappée par les affichages qui mettaient en garde contre le *jour zéro* et appelaient à économiser l'eau. Dans les toilettes publiques, j'ai tourné le robinet en vain. Pas une seule goutte d'eau, mais des distributeurs de gel hydroalcoolique à disposition. À l'hôtel, il y avait un seau dans la douche, dans lequel les client·e·s devaient récupérer de l'eau pour que le personnel puisse ensuite assurer le ménage. L'évacuation de la machine à laver était branchée sur la chasse d'eau, de sorte que la mousse débordait à chaque fois de la cuvette.

À ce moment-là, les réserves d'eau de la métropole sud-africaine étaient presque vides, c'est pourquoi les autorités avaient annoncé l'arrivée du *jour zéro* au cours du mois suivant, c'est-à-dire le jour où les habitant·e·s de la ville seraient privé·e·s d'eau courante. Depuis trois ans déjà, le pays souffrait d'une sécheresse inédite en un siècle.

C'était justement la raison de mon voyage. Avec mes collègues de l'université du Cap, je voulais planifier une série d'études pour analyser l'influence du changement climatique en Afrique du Sud et sur tout le continent. En tête de notre liste figurait une étude d'attribution qui devait évaluer le rôle du dérèglement du climat dans la sécheresse actuelle.

Dans la campagne environnante, les cultures séchaient déjà sur pied, car l'irrigation avait été coupée. Les récoltes étaient perdues, ce qui représentait un manque à gagner considérable. À présent, le robinet menaçait d'être fermé dans la ville du Cap.

Cependant, quelques semaines plus tard, début avril, les autorités levèrent temporairement l'alerte. Le *jour zéro* était reporté à l'année suivante. Grâce aux drastiques restrictions d'eau, le Cap avait évité la catastrophe.

En juin, la pluie revint et les six grands lacs de rétention de l'agglomération se remplirent. Un sérieux malaise subsista néanmoins. Le changement climatique était-il responsable de la sécheresse ? Si oui, comment la ville jusque-là si fière de son approvisionnement en eau pouvait-elle se protéger en cas d'absence de pluie ?

C'est à la fin du mois de juillet que nous avons pu répondre à cette question. À l'aide de nos simulations informatiques et des données de 18 stations météo, nous avons calculé que la probabilité de sécheresse au Cap avait triplé sous l'effet du réchauffement climatique.

Pour le dire autrement : tandis que dans un monde ignorant le changement climatique, ce type d'événements ne se produirait qu'une fois tous les 300 ans, il est à redouter une fois tous les cent ans dans le monde réel. Voilà qui ne semble pas encore trop inquiétant. Toutefois, les choses se gâtent si l'on jette un coup d'œil vers l'avenir. Dans l'hypothèse où la Terre se réchauffe de 1 °C supplémentaire, la probabilité de telles sécheresses pourrait être multipliée une fois encore par le même facteur. Il faudrait alors se préparer à un cruel manque d'eau tous les 33 ans environ. Et pour chaque degré supplémentaire, la probabilité continuerait à augmenter – de sorte que cet événement plutôt rare finirait par devenir habituel.

Armée de notre étude, la ville du Cap peut maintenant se préparer à l'avenir. À l'heure actuelle, elle tire son eau douce uniquement des lacs de rétention, mais elle aurait tout intérêt à diversifier son approvisionnement, en puisant aussi dans la nappe phréatique par exemple. Par ailleurs, les stations de dessalement pourraient constituer une alternative d'urgence.

Les pays en développement sont ceux qui souffrent le plus de l'altération du climat. D'une part, comme je l'ai évoqué, ils sont particulièrement vulnérables : dans les quartiers pauvres des pays du Sud, la qualité des matériaux de construction ne permet guère aux maisons de résister aux fortes tempêtes ; souvent, les mises en garde des autorités avant une période de sécheresse ne parviennent même pas jusqu'aux habitant·e·s, pas plus que les conseils et précautions à prendre en cas de vague de chaleur. Les dommages sont donc beaucoup plus dramatiques qu'ils ne le devraient.

D'autre part, c'est justement dans ces régions du globe que le risque d'événements extrêmes croît de façon disproportionnée. Si les sécheresses ou les inondations s'accumulent, l'économie peut être lourdement impactée pendant plusieurs années. Par exemple, en 2004 dans les Caraïbes, l'ouragan Ivan a détruit toute la production de noix de muscade de l'île de Grenade, l'un de ses principaux produits d'exportation[1].

Les informations sur la modification effective du risque sont décisives si l'on veut minimiser ce risque et améliorer la résilience d'un pays. Du moins à condition que les informations soient disponibles quand on en a besoin, c'est-à-dire aussitôt après l'événement, car c'est à ce moment que se prennent les décisions concernant la reconstruction, le relogement et l'indemnisation des victimes.

Encore faut-il que ces informations atteignent les bon·ne·s destinataires. Dans les pays en développement, les décideur·euse·s et les journalistes n'ont encore que rarement accès à des études d'attribution. Les données météo, tout comme les spécialistes de notre discipline, sont concentrés dans les pays industrialisés.

Mais quand les politiques et les urbanistes des pays en développement n'ont pas conscience des différents signaux climatiques, et qu'ils négligent de considérer les preuves factuelles dans leurs prises de décisions, rien ne les empêche de laisser reconstruire des quartiers qui risquent fort d'être pulvérisés par le prochain grain.

Le changement climatique n'est pas toujours coupable

À l'inverse, exagérer le rôle du changement climatique comporte aussi des dangers. Certains gouvernements ou municipalités (principalement situés dans l'hémisphère sud, mais pas toujours) mettent systématiquement les événements météo extrêmes au compte du changement climatique, et donc de l'Occident[2]. C'est assez compréhensible, dans la mesure où les pays en développement sont à la fois exposés de manière disproportionnée à ces événements et moins bien préparés que les pays industrialisés, alors même qu'ils ont moins contribué au changement climatique. Jusqu'à présent, c'est l'Occident qui a émis le plus de gaz à effet de serre en profitant pendant des siècles des combustibles fossiles. Même la Banque mondiale[3] et l'ONU[4] dressent ce constat. Cependant, cette attitude peut se révéler paralysante et limiter le champ d'action de ceux qui l'adoptent. En particulier quand une sécheresse ou une tempête n'est pas due au changement climatique, mais réellement à un mauvais coup du sort assorti d'un défaut de planification.

Je pense avant tout au cas de l'Afrique orientale. Dans un monde qui se réchauffe, les climatologues prévoient une augmentation de la fréquence et de la durée des sécheresses, devenues dans une grande partie de l'imaginaire collectif la signature du changement climatique[5]. Ainsi l'Éthiopie a-t-elle été ravagée en 2015 par l'une des pires sécheresses qu'elle ait connues depuis des décennies. Des centaines de milliers de paysan·ne·s perdirent leurs récoltes de céréales et la majeure partie de leurs troupeaux ; huit millions de personnes furent réduites à dépendre des distributions de nourriture de l'aide humanitaire internationale.

Lorsque je me suis entretenue avec les membres du gouvernement et les représentant·e·s des ONG, le coupable était pour eux·elles tout désigné. Tou·te·s accusaient le changement climatique et pensaient qu'il était au moins un facteur important. Le pays s'est conséquemment adapté aux sécheresses à venir. Des systèmes d'irrigation ont été construits, comme le conseillaient certaines études basées sur l'évolution moyenne des précipitations[6], et les photos satellites témoignent que les agriculteur·rice·s irriguent davantage leurs champs[7].

Seulement… avait-on identifié le véritable coupable ? Le dérèglement climatique a-t-il significativement augmenté la probabilité de sécheresse dans la corne de l'Afrique ?

Aidé·e·s d'analyses statistiques des données météo et de nos modèles climatiques, nous avons simulé de multiples scénarios. Ils nous ont permis de faire la preuve que la sécheresse en Éthiopie était un événement extrême vraiment exceptionnel, qui ne risquait de se produire que tous les quelques siècles. Toutefois, notre étude n'a pas pu montrer que le changement climatique avait joué un rôle prépondérant ni amplifié la pénurie d'eau[8]. Il est vrai qu'en Afrique orientale aussi, les températures augmentent à cause du réchauffement de la planète, ce qui conduit logiquement à une plus forte évaporation. Cependant, le taux d'évaporation dans les régions chaudes et arides de la corne africaine était déjà très haut. Et où il n'y a pas d'eau, son évaporation est évidemment impossible. C'est pourquoi le lien de cause à effet n'est pas aussi évident que dans d'autres parties du monde.

Si le changement climatique n'est pas le facteur décisif de ces terribles sécheresses, alors de quel côté faut-il chercher ? S'agit-il seulement de la variabilité naturelle du climat ? Ou d'autres facteurs, extérieurs au système climatique, sont-ils expressément impliqués ? Peut-être faut-il se demander si, en Éthiopie et dans les pays voisins, les politiques et les responsables de l'organisation du territoire auraient pu se préparer plus efficacement. Car il n'est pas exclu que la fréquence ou l'intensité des sécheresses n'aient pas réellement augmenté, mais que les pays en question soient devenus plus vulnérables.

Outre le système atmosphérique, l'humidité du sol et l'état des autres réservoirs d'eau ont une fonction influente, sans oublier celle de la végétation – sa nature et sa densité. Ce sont là des aspects que les activités anthropiques peuvent notablement impacter, notamment par le défrichage, la déforestation, la modification des pratiques agricoles, etc. Manifestement, la question de savoir si les sécheresses constituent un problème est fonction du degré de préparation de la société concernée. À quel point la population dépend-elle de la pluie ? Les habitant·e·s sont-il·elle·s prévenu·e·s de la menace de sécheresse suffisamment à l'avance ? Qui dispose de quelles réserves pour assumer financièrement une mauvaise récolte ? Et combien de personnes sont-elles assurées ?

En Afrique orientale, l'immense majorité de la population dépend de l'agriculture. Tandis que le Nord est marqué par le pastoralisme nomade, la culture du maïs est très répandue dans le centre. Or cette herbacée tolère mal le stress hydrique. Les paysan·ne·s qui cultivent essentiellement du maïs sont donc plus fragiles de ce point de vue. Les populations est-africaines ont toujours subi de fréquentes sécheresses, qui ne les ont pas dissuadées de cultiver du maïs, au risque ne rien récolter certaines années, mais d'autant plus l'année suivante.

Mon collègue, le Dr Aiy Zegeye, de l'université d'Addis-Abeba, m'a donné un début d'explication lors d'une de mes visites dans cette ville : un·e cultivateur·rice de maïs jouit d'un prestige social supérieur à celui d'un·e producteur·rice de mil ou d'autres céréales considérées moins attrayantes.

Dans le Sud de la région, ce sont des rizières que l'on trouve. Le riz est une céréale qui supporte assez bien les hautes températures, mais il est également gourmand en eau.

À cela s'ajoute le fait que les Éthiopien·ne·s ont coupé la plupart de leurs forêts au cours des dernières décennies. Le gouvernement commence par ailleurs à s'intéresser à des régions jusque-là délaissées, en y instaurant des droits fonciers et en bâtissant des routes.

Pour répondre au problème de la sécheresse, les autorités ont commencé par ériger des digues d'irrigation. Mais elles ont causé des inondations qui ont détruit les zones de brousse, poussant les Afars, un peuple d'éleveurs nomades[9], à migrer vers d'autres régions. La situation a suscité des conflits et renforcé les tensions sociales. Même si ce n'était pas son intention de départ, et que le système d'irrigation a localement permis d'augmenter la quantité d'eau pour la population, le gouvernement a néanmoins aggravé la précarité en période de sécheresse.

Les politiques ont souvent tendance à pointer du doigt le changement climatique ; il·elle·s luttent contre la sécheresse plutôt qu'à mieux protéger la région pour la rendre plus résistante aux aléas. Il·elle·s ne combattent pas les causes mais les conséquences. Le temps est considéré comme tout-puissant, et il est facile, en s'appuyant sur des rapports bien intentionnés, comme ceux de la Banque mondiale, de lui faire porter le chapeau. Parfois en toute bonne foi, mais parfois aussi par facilité, parce qu'il est un coupable tout désigné…

Nos études[10] pour le Kenya, l'Éthiopie, la Somalie et toute l'Afrique de l'Est ont montré que le changement climatique n'était effectivement pas le moteur principal du manque de pluie. Ce qui ne l'exonère pas d'une éventuelle responsabilité, l'absence de précipitations n'étant pas la seule cause de la sécheresse. Mais si, en 2010, nous avions su en Éthiopie ce que nous avons appris au Kenya en 2017, les Afars auraient probablement pris d'autres décisions. Au lieu de se focaliser sur l'événement météorologique, il·elle·s auraient pu s'intéresser aux structures socio-politiques à l'origine de l'important préjudice économique et social dont il·elle·s ont été victimes.

Il arrive qu'il soit plus pertinent d'améliorer la scolarisation que de construire des barrages. Les pays en développement eux-mêmes ne sont pas les seuls responsables de ces erreurs dans la hiérarchie des priorités. Les organisations de développement venues de l'étranger sont quelquefois promptes à forer un puits ou édifier un barrage pour utiliser des fonds qui ne seront plus disponibles à la fin de l'année fiscale. Les projets à long terme sont difficiles à financer. L'attribution d'événements extrêmes ne peut évidemment pas, à elle seule, éradiquer ce problème connu de longue date. Mais dans la mesure où nous montrons concrètement qu'un schéma météorologique n'est pas le fruit du hasard, nous pouvons au moins éveiller les consciences et, espérons-le, contribuer à ce que les dons et les projets soient employés avec plus d'efficacité.

Les politiques sous pression : l'attentisme n'est plus recevable

Que se passe-t-il quand on parvient à prouver que le changement climatique n'est finalement pas la première cause de tout ? Eh bien, les décideur·euse·s ont le pouvoir d'agir ! Par exemple, ce qu'il·elle·s font pour développer une région n'est pas immédiatement ni inévitablement anéanti par des épisodes de sécheresse, au motif que ceux-ci deviendraient plus intenses et plus fréquents. Autrement dit, ne pas agir alors que l'on a connaissance d'un nouvel état de fait est ni plus ni moins que de la négligence. Un gouvernement qui n'entreprend rien pour atténuer les répercussions des sécheresses, ou de n'importe quel autre événement naturel, et ne cherche pas à augmenter la capacité de résistance de la population, peut être qualifié de passif et accusé de non-assistance à personnes en danger.

Voilà une déclaration qui peut sembler bien radicale, mais il est important aussi de souligner que cette passivité n'est pas nécessairement volontaire. Il n'est pas question ici de disculper l'Occident, mais seulement d'évaluer les marges de manœuvre des pays et de fournir des informations éclairantes. Je pars du principe que même les gouvernements autocratiques d'Afrique ont tout intérêt à réduire la vulnérabilité de leurs populations. Ce n'est pas la volonté qui manque, mais les moyens, notamment ceux que pourraient fournir les structures politiques. Le défaut de données (relevés, statistiques, etc.) est lui aussi crucial. Sans elles, il est impossible de s'armer contre une météo extrême.

Nous avons pu constater qu'il existe une véritable demande pour ce type d'informations. Le gouvernement kenyan, par exemple, s'est montré très intéressé par notre étude d'attribution relative à la sécheresse de 2017, du moins jusqu'à l'annonce du résultat.

La sécheresse ne concernait que quelques régions du Kenya, tandis qu'elle faisait rage en Somalie, entraînant une vague de réfugié·e·s chez son voisin. Mais quand il fut établi que le changement climatique n'avait qu'un rôle secondaire dans cette histoire, l'enthousiasme du ministère de l'Environnement et des représentant·e·s des ONG s'infléchit nettement.

La préparation de la conférence de presse en fut d'autant plus délicate. Assis·es dans le jardin de nos quartiers à Nairobi, nous avons passé de nombreuses heures à peser le moindre mot. Nous avions au moins la chance d'échapper au bruit et à la poussière de la ville et d'être confortablement installé·e·s à l'ombre de palmiers dans lesquels jouaient de petits singes.

Tandis que j'aurais justement préféré souligner que le changement climatique n'était pas le responsable principal de l'absence de saison des pluies, le gros titre de notre communiqué annonçait que nous n'étions pas certain·e·s de l'influence de la température sur la sécheresse dans la région.

C'est conjointement avec les représentant·e·s du gouvernement que nous avons présenté les résultats, lors de la conférence de presse qui se tint à Nairobi en mars 2017, alors que la sécheresse sévissait encore en Somalie. En dépit du débat qu'avait suscité la formulation de notre annonce, ce fut un grand succès pour notre discipline et la science en général. La participation des représentant·e·s du gouvernement montrait que les études d'attribution sont importantes et bien accueillies, y compris quand leurs conclusions ne concordent pas forcément avec l'intérêt politique. Cette réunion de communication témoignait aussi que les gouvernements désiraient parfois comprendre les causes réelles des événements météorologiques pour évaluer leur marge de manœuvre[11].

Les études d'attribution peuvent donc aider à conjuguer développement et changement climatique plutôt que les opposer, spécialement si elles interviennent au moment opportun, quand la sécheresse ou les inondations sont encore en cours. Ces études sont toujours plus efficaces quand elles sont publiées par des scientifiques locaux·ales, ou que ces dernier·ère·s y ont participé, comme ce fut justement le cas pour notre étude sur la sécheresse au Kenya et en Somalie. Les politiques et la société civile acceptent alors bien mieux les résultats que lorsqu'ils émanent d'une poignée de scientifiques débarquant d'Europe en croyant tout savoir.

Aussi, nous collaborons étroitement avec les spécialistes du service météorologique kenyan, en particulier récemment, au printemps 2018, quand Nairobi a dû faire face à des inondations. En Afrique du Sud, nous travaillons avec des scientifiques de l'université du Cap, dans le cadre d'un nouveau projet basé sur notre expérience au Kenya[12]. Notre objectif est de chercher les moyens de préparer efficacement l'Afrique à la météo extrême de demain.

En Afrique orientale et partout dans le monde, nos études montrent que le changement climatique ne tient parfois qu'un rôle mineur. Et même quand on détecte formellement son influence anthropogénique, d'autres facteurs se révèlent pareillement déterminants dans les événements météo extrêmes. Rejeter systématiquement et exclusivement la faute sur le changement climatique revient à ignorer un système sophistiqué de rouages divers, notamment sociaux et géographiques, et ce, au risque de perdre une part de crédibilité. Impliquer exagérément le dérèglement climatique ou au contraire le nier en bloc équivaut, dans les deux cas, à pratiquer la politique de l'autruche.

Malheureusement, dans un monde d'une complexité croissante, les discours simplificateurs sont de plus en plus séduisants. Les organisations qui œuvrent en faveur de l'environnement ou du développement ont justement tendance à restreindre leur vocabulaire pour obtenir des fonds plus facilement. C'est compréhensible jusqu'à un certain point. Cela fait partie de leur mission, à condition de ne pas déformer excessivement les faits. Par exemple, l'ONG Oxfam a diffusé un communiqué aussitôt après notre conférence de presse à Nairobi. Les résultats de notre étude étaient bien inclus dans le document, mais le titre proclamait *A climate in crisis – how climate change is making drought and humanitarian disaster worse in East Africa* (« Un climat en crise – comment le changement climatique aggrave les sécheresses et les catastrophes humanitaires en Afrique orientale »)[13].

Il n'y a aucun doute sur la volonté de l'organisation de chercher à aider les populations. Aucun doute non plus sur l'élévation des températures dans la région et la responsabilité du changement climatique. Pour autant, le lien entre augmentation des températures et périodes de sécheresse est tout au plus spéculatif.

Exode climatique et météorologique

Depuis quelques années, l'influence du changement climatique sur les événements météo en Afrique et en Asie du Sud-Est anime aussi les débats en Europe par un autre de ses aspects : les « réfugié·e·s climatiques ». Mais de cette expression qui fait souvent la couverture des médias, on retient plus volontiers la question des réfugié·e·s que celle du climat.

À ce jour toutefois, très peu d'indices montrent qu'un plus grand nombre de gens partent vers l'Europe pour cause d'événements climatiques ou météorologiques. Et parmi ceux·celles qui sont effectivement obligé·e·s de quitter leur patrie en raison de sécheresses, d'inondations ou d'autres catastrophes naturelles, on ignore s'il·elle·s le font parce que le changement climatique a renforcé ces événements. En tout cas, il n'y a pour le moment aucune étude d'attribution concernant des événements climatiques pour laquelle nous disposions parallèlement du nombre de réfugié·e·s.

Quand une personne quitte son pays en Afrique, en général, elle cherche plutôt à fuir des conflits armés, un contexte politique hostile ou une conjoncture économique défavorable. Si les réfugié·e·s de la météo, qui sont en partie des réfugié·e·s du climat, délaissent leur région et plus rarement leur pays, il·elle·s finissent la plupart du temps par y retourner. Il existe donc bien des réfugié·e·s climatiques, mais leurs déplacements restent locaux, par exemple de Matlab à Dacca, au Bangladesh, ou de la Somalie vers le Kenya.

La migration est un sujet complexe et un champ de recherche ardu. Les individus décident de fuir pour une multitude de raisons. Y voir les signes que l'on a envie de voir, ou ceux que l'on s'attend à voir, dépend de notre conception du monde et constitue pour la majorité des gens une solution de facilité qui les conduit couramment à ignorer les faits que pourrait éclairer une autre interprétation. Le plus souvent, ce n'est même pas volontaire[14]. Alors qu'il existe une pléthore d'études sur les causes des migrations et les flux migratoires, qui s'ajoutent à de nombreuses autres sur le changement climatique partout dans le monde, il est rare que l'on recoupe ces domaines très différents. Par conséquent, les preuves scientifiques du nombre de personnes déplacées pour cause de changement climatique ainsi que celles des conditions et de la temporalité de ces migrations sont extrêmement minces[15].

Ce qui est clair, c'est qu'à l'échelle globale, le changement climatique modifiera fondamentalement la vie de millions de personnes. Parce que le niveau des mers a déjà commencé à monter et que le risque de submersion à la moindre tempête est décuplé, les États insulaires ne seront plus habitables. Dans un pays très peuplé et de faible altitude comme le Bangladesh, quantité de personnes seront obligées de trouver de nouveaux moyens de subsistance, mais aussi de quitter leur pays, comme nous le verrons au chapitre suivant. Oui, il y aura bien des réfugié·e·s climatiques, et peut-être existent-il·elle·s déjà. Mais pour ce qui est de savoir s'il·elle·s fuient effectivement vers l'Europe et combien il·elle·s seront, nous manquons de chiffres fiables.

En partenariat avec des sociologues, nos études d'attribution pourraient contribuer à injecter des éléments concrets dans un débat qui plane largement au-dessus de la réalité des flux de réfugié·e·s à l'heure actuelle. C'est exactement le projet de l'une de mes étudiantes, Lisa Thalheimer, qui a déjà travaillé sur l'Afrique orientale pour la Banque mondiale. Au premier chapitre de sa thèse, elle a analysé toutes les enquêtes sur la météo et les migrations, dans l'optique de découvrir si elles avaient un lien avec le changement climatique. La réponse provisoire est négative, aucune des enquêtes ne permet de le dire. De même, aucune relation n'a pu être quantifiée ni établie entre des migrations et un (ou plusieurs) événement météo.

Lisa s'apprête ensuite à éplucher des données météorologiques et à explorer des banques de celles sur les migrations, afin de les mettre en rapport grâce aux méthodes de l'attribution d'événements. Pour le moment, la question reste ouverte de savoir si ces nouvelles données, obtenues de façon systématique, mettront au jour un lien de cause à effet entre migration et changement climatique.

D'un point de vue scientifique, il n'est guère surprenant de constater qu'aucune relation causale n'est simple. Missionné·e·s par l'organisation environnementale Greenpeace, les scientifiques de l'université de Hambourg ont étudié la probabilité d'un exode climatique dans différents pays asiatiques et en Afrique orientale. Leur étude est parue en mai 2017[16]. Eux·elles aussi sont parvenu·e·s au même résultat : si des événements extrêmes déclenchent des catastrophes naturelles, les gens ne fuient que lorsque d'autres facteurs, politiques et sociaux, s'additionnent. En outre, l'étude a montré que très peu de personnes avaient mis le cap sur l'Europe, en comparaison avec celles qui restent chez elles malgré tout, se déplacent dans d'autres régions de leur pays ou émigrent dans les États voisins.

Quant au lien entre ces événements météo et le changement climatique, l'étude n'a pu esquisser que quelques grandes lignes. Elle indique notamment qu'en moyenne, à l'échelle de la planète, il faudra s'attendre à davantage de fortes pluies et d'inondations consécutives. Aucun chiffre concret n'a pu être établi sur les cas étudiés à titre d'exemples. Néanmoins, nous avons obtenu une partie de ces informations ultérieurement, en l'occurrence sur les deux cas illustrés par des photographies dans le rapport de Greenpeace : une inondation en Thaïlande en 2011 et une sécheresse dans l'État indien du Maharashtra, qui entraîna la perte des récoltes en 2016. Pour le premier cas, nous avons réussi à montrer que le dérèglement climatique n'avait pas modifié la probabilité des pluies diluviennes de cette année-là, donc de la cause des inondations. Pour le second cas, nous n'avons pas encore de résultat définitif. Au moment où j'écris ces lignes, nous travaillons à une étude d'attribution avec l'Institut indien de technologie de Bombay (Indian Institute of Technology Bombay, IIT Bombay). Les résultats provisoires montrent que le changement climatique a contribué à cette sécheresse, laquelle a déclenché une vague de migration vers Mumbai, la capitale de l'État[17].

Ainsi, dans de nombreux cas comme ici celui de la Thaïlande, il n'y a pas lieu de parler de réfugié·e·s climatiques. Dans d'autres, comme celui du Maharashtra, le changement climatique aggrave un événement météo que le manque d'infrastructures sociales, combiné à l'instabilité et l'inefficacité politiques, a transformé en catastrophe. Pour le dire autrement, des problèmes d'un tout autre ordre étaient déterminants, mais ils ont été éclipsés par l'argument de l'exode climatique. Si nous parvenons à mettre le doigt sur ce phénomène, nous aurons déjà le sentiment d'avoir gagné quelque chose, particulièrement dans un débat mené jusqu'à présent sur le terrain de l'émotion bien plus que sur celui des faits.

Le chapitre qui s'achève ici est celui que j'ai eu le plus de mal à écrire. J'ai conscience que toutes les affirmations de ces dernières pages risquent d'être terriblement mal interprétées. C'est pourtant à cause du contenu de ce chapitre qu'il est profondément important de lier au climat au cas par cas des événements tels que sécheresses et inondations. Ce n'est qu'en sachant précisément si oui ou non le changement climatique a joué un rôle décisif, que l'on pourra espérer résoudre les problèmes.

Ce chapitre ne doit en aucun cas permettre de donner carte blanche aux pays industrialisés pour se détourner des problèmes du Sud, sous prétexte que le changement climatique, dont ils sont les premiers fautifs, n'est pas à chaque fois le principal coupable. En tant que principaux émetteurs de gaz à effet de serre d'un point de vue historique, ils doivent assumer leurs responsabilités en soulageant une partie du fardeau qui pèse exagérément, et pour longtemps encore, sur les pays en développement. Du moins lorsque c'est justifié. Or nous sommes aujourd'hui en mesure de le déterminer, et nous verrons au chapitre suivant que c'est un sacré pas en avant.

Une question de justice : quand on connaît le coût du changement climatique, les pays industrialisés doivent payer

Au premier abord, Saleemul Huq n'a pas l'air du genre à vouloir renverser le monde à tout prix. Sympathique et réservé, avec sa faible stature et ses moustaches grises, ce scientifique bangladais de 65 ans m'est apparu plutôt discret quand il s'est assis à côté de moi, sur l'estrade de la conférence mondiale sur le climat à Marrakech, en 2016, pour parler du sujet auquel il a consacré sa vie : « Qui doit payer pour les dommages toujours plus graves infligés au climat ? »

Il entend par là les pertes et préjudices dus au fait que le monde s'est trop longtemps appuyé sur la combustion de sources d'énergies fossiles, à l'origine du changement climatique. Des pertes et préjudices que l'adaptation des États ne saurait suffire à éviter[1], face à l'ampleur de ce que trame le climat et qui se manifeste notamment par des pluies diluviennes qui anéantissent les habitations et autres constructions, des tempêtes qui inondent les terres d'eau de mer, condamnant les récoltes des champs les plus exposés, ou encore des vagues de chaleur extrême qui déciment nombre de personnes.

À la conférence mondiale sur le climat, Huq fait partie des meubles ! Il a participé aux 23 sommets qui se sont tenus à ce jour. Au titre de conseiller des pays les plus pauvres, il ne cesse de répéter avec virulence que ces dégâts n'ont rien de normal et que c'est aux pays industrialisés, qui les ont causés, qu'il revient de les réparer.

Huq ne mâche pas ses mots et c'est méritoire, car presque personne n'ose aborder la question de front. C'est sans doute pour cela qu'à l'issue de cette table ronde à Marrakech, une nuée de scientifiques, de conseiller·ère·s et de politiques s'agglutinent autour de cet influent directeur du Centre international pour le changement climatique et le développement de Dhaka (International Centre for Climate Change and Development, ICCCAD)[2] en vue d'échanger quelques mots avec lui. J'ai d'ailleurs assisté à la même scène chaque jour de cette conférence de deux semaines au Maroc, et mes collègues m'en ont relaté de semblables lors des rencontres précédentes à Paris, Lima et Varsovie.

Huq sait de quoi il parle, son pays est confronté à un problème de taille. Le Bangladesh n'est pas seulement l'un des États les plus pauvres du monde, c'est aussi l'un des plus densément peuplés, avec quelque 165 millions d'habitant·e·s occupant 150 000 km^2. Pour vous donner un ordre de grandeur, une population deux fois plus importante que celle de l'Allemagne se presse sur une surface deux fois plus réduite. Une personne sur trois vit sur le littoral, où le Gange et ses affluents forment un delta dans lequel s'étendent des champs fertiles et des forêts verdoyantes. Mais cette région plate et de faible altitude est éminemment vulnérable aux assauts de la mer, dont le niveau monte lentement et inexorablement sous l'effet du réchauffement de la planète.

À vrai dire, le Bangladesh est habitué à l'eau, et même dépendant d'elle. Un quart de la surface du pays se voit submergé au moins une fois par an, quand s'abat la mousson, pour le plus grand profit des nombreuses rizières qui nourrissent le pays. Selon un dicton local : « L'eau est la mère de notre pays. »

Toutefois, la situation devient problématique quand la mère se met à noyer son enfant... Depuis les années 1960, le Bangladesh tente de contre-attaquer en équipant les rives des cours d'eau et les bandes côtières, surtout dans le Sud-Ouest, de digues et de barrières en tous genres. Hélas, ce procédé accentue le problème, car la danse ancestrale de l'eau et de la terre est ainsi entravée. Quand l'eau des fleuves contenue par les murets des canaux et les berges bétonnées ne peut plus déverser sur la terre les sédiments qu'elle charrie, l'altitude des terrains situés de part et d'autre des berges finit par baisser. Il s'ensuit que la surface du cours d'eau se retrouve surélevée au-dessus de la terre, comme une baignoire, y compris en dehors des périodes de crue. Dès que survient un cyclone qui détruit les levées, les flots se répandent à terre, emportant constructions, humains et animaux dans des torrents de boue. En 2009 par exemple, le raz-de-marée provoqué par le cyclone Aila détruisit plusieurs digues. Plus de 150 personnes moururent, et les dommages atteignirent 270 millions de dollars. Lors de leur visite des zones sinistrées, des géologues constatèrent que la hauteur des marais adjacents au fleuve se situait à un niveau de plus d'un mètre inférieur à ceux enregistrés lors de crues moyennes dans la région.

La première réaction fut de se conformer à la méthode habituelle... en construisant des digues encore plus hautes. La Banque mondiale alloua 400 millions de dollars au pays pour réaliser les travaux. Mais pendant ce temps, les paysan·ne·s sem-blaient avoir appris des erreurs du passé et avaient commencé à expérimenter la proposition contraire : il·elle·s laissèrent l'eau s'accumuler de façon contrôlée dans des bassins choisis, afin de relâcher la pression et d'éviter que le terrain ne s'affaisse encore.

Le Bangladesh est menacé de tous côtés par le risque de catastrophes naturelles. Quand ce n'est pas la circulation de la mousson qui varie, ce sont les fleuves qui débordent, ou les cyclones tropicaux qui déchaînent leurs pluies diluviennes. En raison de la très grande pauvreté et de la profonde vulnérabilité du pays, les conséquences sont immenses quand le changement climatique augmente, ne serait-ce que faiblement, la force et la fréquence d'un événement météorologique. Dans l'une des études d'attribution les plus complexes que nous ayons eu à traiter jusqu'à maintenant, nous nous sommes penchés sur les crues du delta du Brahmapoutre qui ont eu lieu en 2017. Bilan : le changement climatique a majoré la probabilité des pluies responsables de l'événement d'environ 70 %[3].

Mais ce n'est que le début des ennuis. À moyen terme, la montée du niveau de la mer menace l'existence même du pays. D'ici la fin du siècle, il aura augmenté de 1,5 m le long des côtes bangladaises selon les prévisions[4]. Et à en croire les calculs dont nous disposons, cette élévation des eaux entraînerait la submersion d'environ 16 % de la surface du pays et obligerait des millions de personnes à déménager[5].

« Les États riches ne veulent pas changer le système »

Que l'on se tourne du côté du Bangladesh, de l'Indonésie (où de vastes portions de terres basses ont été particulièrement touchées par le tsunami d'octobre 2018), de la côte est des États-Unis ou des petits États insulaires, on ne peut que constater l'existence bien réelle des dommages causés par le changement climatique. Il est donc d'autant plus étonnant que le sujet ait été si longtemps passé sous silence, ou presque. Pendant des années, il est resté quasi absent des conférences sur le climat. Comme souvent, cela s'explique fort probablement par les enjeux financiers qu'il soulève.

La réparation des dommages engage des sommes colossales que quelqu'un doit bien payer. Et puisque ces coûts pèsent essentiellement sur des pays qui n'ont que très modestement contribué au changement climatique, la question se pose de la justice et de la responsabilité. Une question que les principaux acteurs du réchauffement planétaire préféreraient éviter. « Les gens qui bénéficient d'un système n'ont pas intérêt à le changer, constate Saleemul Huq ; les États les plus riches et les pays exportateurs de pétrole profitent des énergies fossiles, ils ne veulent pas de changement. Ils tiennent de beaux discours, mais ils empêchent ensuite que les mesures nécessaires soient prises. C'est l'un des freins dominants aux négociations. »

L'identité de ces principaux responsables m'est rappelée chaque matin, quand je bois mon café dans la cuisine de notre institut. Une affiche[6] est accrochée au mur, sur laquelle on voit deux pieds constitués de cercles de différentes tailles. Les pays dont l'empreinte carbone est la plus importante sont représentés par de grands cercles, ceux qui ont une empreinte plus faible par des cercles plus petits. Les États-Unis forment les talons, la Chine la plante antérieure et l'Inde le gros orteil. Tous les autres ne sont représentés que par de petits cercles et l'on distingue à peine ceux des États africains.

Il est vrai que cette illustration date déjà de quelques années, et que les États-Unis ne sont dorénavant plus le premier émetteur mondial de gaz à effet de serre, devancés par la Chine. Néanmoins, ce schéma permet de comprendre sans détour qui a vécu jusqu'ici au-dessus de ses moyens, en augmentant sa qualité de vie par la combustion de ressources fossiles. Plus l'empreinte est grosse, plus la responsabilité l'est aussi !

Une autre raison de ce silence autour des destructions matérielles et immatérielles liées au changement climatique, longtemps rejeté comme un problème du futur, est en rapport direct avec le travail de notre équipe d'attribution d'événements extrêmes. Il y a effectivement très peu de temps que l'on sait associer des événements observés au changement climatique, et ainsi déterminer et quantifier les dommages qu'on lui doit[7].

Est-ce un hasard si la politique internationale vient tout juste de prendre le sujet au sérieux et de se mobiliser en conséquence ?

Pendant de nombreuses années, ce sont avant tout les petits États insulaires qui tentaient de faire pression. Considérant que pour beaucoup d'entre eux, le changement climatique n'est pas un aléa auquel il faudra penser dans un avenir lointain, mais dès aujourd'hui une question de survie, ils se sont regroupés au sein d'une organisation intergouvernementale (Alliance Of Small Island States, AOSIS) pour mettre la question des pertes et préjudices (*loss and damage*, en jargon de conférence) à l'ordre du jour des sommets mondiaux sur le climat. Ils demandaient d'une part que le réchauffement de la Terre soit limité à 1,5 °C et d'autre part à être dédommagés. Pendant longtemps, pour toute réponse, ils ont été ignorés.

Le changement s'est enfin produit en 2013, lors d'un sommet pour le climat (par ailleurs notoirement stérile) tenu à Varsovie. Au cœur de cette Pologne productrice de charbon, les diplomates de la cause climatique ont décidé qu'ils étaient prêts à assumer d'une façon ou d'une autre les coûts occasionnés par l'élévation du niveau de la mer et les événements météo violents.

Mais la véritable avancée, célébrée par Saleemul Huq et les petits États insulaires, pointa lors du sommet pour le climat à Paris, en décembre 2015, quand tous les pays du monde se mirent d'accord sur un texte, qu'ils ont depuis ratifié. La communauté internationale s'est ainsi engagée à limiter le réchauffement de la Terre à 2 °C et si possible à 1,5. Or, c'est quelque part entre ces deux valeurs que se situe le seuil critique pour de nombreux États insulaires.

De plus, l'accord de Paris[8] reconnaît explicitement l'existence des pertes et préjudices entraînés par le changement climatique ainsi que l'importance de les connaître et de les éviter lorsque c'est faisable. C'est un pas en avant, mais aussi une légitimation de notre travail et une mission confiée indirectement à la science de l'attribution.

Les pays industrialisés avaient si longtemps refusé d'aborder le sujet que nous n'osions plus espérer grand-chose. Mais au final, il n'était plus concevable de fermer les yeux sur les dégâts provoqués par le changement climatique, devenus d'autant plus visibles que nous pouvons désormais les calculer au cas par cas.

Un problème mondial
qui ne dit pas son nom

Néanmoins, on ne peut pas dire que les pays industrialisés sortent vraiment de leur zone de confort. Quoiqu'ils reconnaissent l'existence de catastrophes climatiques, ils prévoient en annexe de l'accord de Paris une clause spéciale excluant clairement toute compensation *et* toute responsabilité juridique pour les dommages liés au changement climatique[9]. Alors que le traité établit que ces *loss and damage* ne seront pas compensés, la nature exacte de ceux-ci reste assez vague. Et c'est là que la situation devient kafkaïenne.

Dans un document plus ancien des Nations unies, il est question d'« effets réellement et/ou potentiellement négatifs du changement climatique sur la nature et la société »[10]. Quand, par la suite, nous avons repris cette définition dans un article scientifique[11], nous avons immédiatement reçu un courrier du Secrétariat de la Convention-cadre des Nations unies sur les changements climatiques (CCNUCC) siégeant à Bonn. Il nous indiquait qu'il ne s'agissait absolument pas d'une définition officielle et qu'il n'y avait aucuns pourparlers, négociations officielles ou efforts en cours pour en établir une. On nous demandait de publier une déclaration pour souligner ce point.

C'est ce que nous avons fait, toutefois avec un certain étonnement[12]. Sous un angle scientifique, je trouvais plutôt absurde de mener des tractations sur un sujet dont personne ne sait ce qu'il recouvre vraiment. Mais si je n'avais pas étudié la philosophie et les sciences physiques, et que j'étais devenue diplomate ou politicienne, je me serais sans doute posé moins de questions.

Sous l'éclairage politique, en effet, il y a tout intérêt à maintenir une expression-valise telle que *loss and damage* dans un flou maximum. Surtout quand des personnes mues par des intérêts divergents s'asseyent à la même table. Avec une définition claire, la préoccupation des États insulaires et des pays en développement n'aurait sans doute jamais pu figurer dans un document aussi important que le traité de Paris sur le climat.

Plus nous y réfléchissions, plus nous avions conscience de nous être fourrés dans un sacré guêpier. Quand je parle de mon travail à des gens de pays en développement, *loss and damage* est souvent la première chose qui leur vient à l'esprit, que ce soit à l'occasion d'un thé dans un ministère à Delhi, d'un petit-déjeuner professionnel avec des journalistes scientifiques à Nairobi, ou bien d'une discussion avec des étudiant·e·s à Addis-Abeba. Généralement, on me presse ensuite immédiatement de ne pas mettre l'accent sur ce sujet dans le cadre du programme qui m'amène à collaborer avec les scientifiques du pays concerné, et si possible de ne pas évoquer cet aspect dans les communications subséquentes. Trop épineux !

Personne ne veut jeter le pavé dans la mare : tant que les *loss and damage* ne sont pas précisément définis, les responsables du changement climatique peuvent continuer à signer des traités, dont le mérite est au moins de faire sensiblement progresser la question. Pour le moment, cela n'avance pas beaucoup les affaires des pays en développement. Pourtant, force est de reconnaître que les dégâts climatiques représentent désormais un sujet incontournable des négociations internationales. Ce n'est qu'un demi-succès, mais peut-être aussi le préambule de l'instauration d'une plus grande justice climatique.

Le pouvoir des chiffres

En développant des méthodes qui permettent d'identifier les impacts du climat au travers d'une météo extrême, nous livrons sans doute la pièce du puzzle qui manquait pour mettre les auteurs du changement climatique face à leurs responsabilités et faire en sorte que les victimes bénéficient de l'aide nécessaire.

Cependant, il ne faut pas trop s'attendre à ce que quelque chose change du jour au lendemain sur la scène internationale. Un bon exemple du pouvoir des chiffres est le prix du carbone.

Considérer le carbone comme un élément des coûts de production, et donc tarifer les conséquences du changement climatique selon les lois de l'économie de marché, est une idée déjà assez ancienne. C'est en 1975 que l'économiste William Nordhaus développa le principe du tarif du CO_2, et en 2018 qu'il reçut le prix Nobel d'économie pour cette invention[13]. Mais depuis que les économistes sont capables de calculer de façon réaliste quel devrait être le coût d'émission d'une tonne de dioxyde de carbone pour couvrir les frais des dommages infligés à l'environnement, les entreprises ont effectivement commencé à réfléchir à la manière dont elles pouvaient réduire leurs émissions. À présent, beaucoup d'entre elles dans le monde entier prennent le prix du carbone très au sérieux, bien que dans les faits elles ne soient que très rarement obligées de s'en acquitter. Entre prendre au sérieux et payer le prix, le chemin est encore long.

Un nombre croissant de pays ont introduit cette taxe, qui existe déjà en Europe et en Californie, tandis que la Chine est en train de la mettre en place, de même que le Mexique et le Canada. Qu'il soit possible d'établir très concrètement le prix du carbone prépare mentalement les entreprises à devoir payer par la suite. Pour l'instant, ce prix n'est certes pas assez haut pour invalider la rentabilité de la combustion de ressources fossiles comme modèle de société. Mais 1 400 entreprises fonctionnent déjà comme si ce tarif était entré en vigueur, y compris dans des pays où ce n'est pas encore le cas[14]. Si, pour l'instant, cela ne suffit pas à combattre le changement climatique de manière efficace, voilà au moins qui illustre la puissance des chiffres.

Les études d'attribution pourraient entraîner un progrès tout aussi significatif sur le front des ravages nés des bouleversements du climat. Car si les coûts environnementaux sont traduits en coûts économiques[15], les hommes et les femmes politiques du monde entier seront soumis·e·s à une forte pression pour trouver des solutions.

C'est précisément ce qui ressort d'un rapport de l'ONG britannique Energy & Climate Intelligence Unit (ECIU), qui a étudié à la loupe les 59 études d'attribution réalisées en 2016 et 2017, et conclut que le changement climatique avait augmenté la probabilité de l'événement dans 41 cas. Pour ce rapport, intitulé « Heavy Weather »[16], ils ont ensuite calculé le montant des dommages engendrés par le changement climatique. Pour ce faire, ils sont partis d'un principe simplifié : si le changement climatique avait doublé la probabilité du cas étudié, ils lui attribuaient la moitié des coûts occasionnés par l'événement. Naturellement, cela constitue une simplification très importante, car le montant des coûts n'augmente pas de façon linéaire avec la fréquence de l'événement. Cela dit, la proposition permet au moins d'obtenir un ordre de grandeur des dommages résultant du changement climatique[17]. Ainsi, pour les inondations du Sud de la Chine en 2015, ils ont pu estimer à 1,6 milliard de dollars la somme des dommages imputables au dérèglement climatique.

Les auteur·rice·s de ce rapport ne se sont pas uniquement penché·e·s sur les coûts financiers, mais aussi sur le nombre de victimes. Par exemple, en 2015, la canicule qui frappa l'Inde et le Pakistan coûta la vie à près de 4 000 personnes, dont au moins 2 800 par la faute du changement climatique.

Pas moins de 2 800 mort·e·s à cause du changement climatique… Voilà un argument de poids pour ne pas rester les bras croisés. Car dès lors que ces faits sont connus avant la canicule suivante, un État devrait être tenu pour responsable s'il néglige les mesures d'adaptation nécessaires pour affronter le changement climatique et ses messagers, les événements météorologiques extrêmes.

Se concentrer sur les risques plutôt que sur les dommages

D'ici à ce que tous les États s'accordent sur un mécanisme qui prenne vraiment en compte les dommages en temps réel, il faudra sans doute patienter encore quelques années. C'est pourquoi certains pays ont décidé de prendre les choses en main eux-mêmes. Par exemple, le Bangladesh a mis en place un dispositif national qui doit prévenir les dommages dans le meilleur des cas ou, sinon, servir à les rembourser par le biais d'un fonds spécial. Saleemul Huq, qui est également l'auteur d'une chronique hebdomadaire dans le *Daily Star* (plus grand quotidien du Bangladesh) et conseiller du gouvernement, n'y est pas pour rien…

Pour l'instant, toutefois, ce dispositif n'est toujours pas entré en vigueur. En effet, quelques questions restent ouvertes, notamment celles des circonstances dans lesquelles ce fonds d'État financé par les recettes fiscales pourra être reversé, et pour quel type de dommages.

Sur ce point, le dilemme déjà dans l'air lors des sommets pour le climat, et qui entravait les négociations, n'a pas été résolu. Mon opinion ? Il serait logique de n'inclure que les dommages attribuables au changement climatique. Car alors, où poser la limite ? Faudrait-il aussi prendre en compte ceux provoqués par une vague de froid dont le changement climatique a diminué la probabilité ? Ou seulement ceux dus à des événements météo extrêmes dont la fréquence augmente ? En conséquence de quoi, il faudrait exclure un certain nombre de sécheresses, comme celle de São Paulo. Certes, elle a entraîné de gros dégâts, et le changement climatique a joué un rôle, la chaleur ayant accéléré l'épuisement des réserves d'eau, mais d'un autre côté il a plu davantage. Les deux effets se sont annulés, de sorte que le changement climatique n'a pas démultiplié la répétition des sécheresses.

Et qu'en est-il des catastrophes dues à l'action humaine ? Par exemple quand un pont s'écroule après de fortes pluies, mais que cela est moins lié aux précipitations qu'à un manque d'entretien[18].

Seules les études d'attribution permettent d'établir un lien de cause à effet avec le changement climatique. Sans cette attribution, on ne peut pas déterminer ce qui relève du changement climatique ni quelle proportion des dégâts est attribuable à d'autres facteurs.

Pour un certain nombre d'événements, cela fonctionne très bien. Mais pas pour tous (du moins pour le moment). Par exemple, on ne sait pas attribuer les crues cantonnées à une petite surface ni la grêle ou les tornades. Or, les crues soudaines sont extrêmement présentes et lourdes de conséquences au Bangladesh. Nous avons donc devant nous un vaste champ d'investigation, avant de pouvoir couvrir un inventaire à peu près exhaustif des différents événements extrêmes.

Une autre question reste en suspens : qui doit réaliser ces études ? Le gouvernement qui fournit les compensations ? Les États responsables du changement climatique ? Dans les deux cas, le risque est de soupçonner les études d'être biaisées. C'est pourquoi il faudrait envisager de confier cette tâche à un organisme indépendant tel qu'un service national de météorologie. Mais là encore, rien ne serait réglé, car les régions et les populations les plus pauvres seraient désavantagées en raison du manque d'infrastructures scientifiques. Pour obtenir des résultats à peu près fiables, il faut des relevés météorologiques de qualité, lesquels ne sont pas disponibles partout et encore moins dans les régions où les gens sont les plus nécessiteux. On peut observer dans le monde entier que les stations météo se situent principalement près des aéroports, des bases militaires ou des centres de recherche... pas dans les bidonvilles ni les zones rurales.

Un autre problème est le montant des compensations. Il se mesure en fonction de la part du changement climatique dans la catastrophe, car il est possible que ces dommages et intérêts soient payés par des entités ayant déjà beaucoup dépensé pour s'adapter à cette évolution de la planète, et la gravité des dégâts consécutifs à un événement extrême dépend aussi de la vulnérabilité du lieu où la catastrophe survient.

C'est évidemment où il n'existe aucune mesure de précaution que les destructions sont les plus lourdes. Il peut donc arriver qu'à un endroit donné, le changement climatique ait joué un rôle notable dans un événement, mais que ce dernier n'ait occasionné que peu de dégâts grâce à une préparation adéquate, tandis qu'ailleurs, le changement n'aura eu qu'une incidence mineure sur l'événement, qui aura quant à lui causé beaucoup de dégâts. Ce qui signifie que certaines régions recevraient d'importantes compensations pour la seule raison que les travaux d'adaptation ont été bâclés. En termes d'incitation, on a déjà vu mieux...

Il serait plus efficace de se concentrer sur les risques plutôt que sur les dommages effectifs. Un système juste viserait donc à mettre en place un instrument devenu de plus en plus populaire au cours des dernières années : les assurances contre les risques climatiques[19].

Assurer contre les risques climatiques

Voici comment elles fonctionnent : quiconque s'acquitte de sa prime est rapidement indemnisé quand une sécheresse, un cyclone ou de fortes chutes de pluie frappent le pays – en argent ou en nature, sous forme de semences agricoles par exemple. L'assurance peut être contractée par l'État ou bien par ses habitant·e·s, à titre individuel. Ensuite, les assurances évaluent la vulnérabilité du pays à un type particulier d'événements extrêmes, sur la base de données climatiques et météorologiques. À l'aide de satellites, on peut notamment mesurer les précipitations. À partir de là, les assurances calculent un indice. Si la valeur de cet indice est inférieure à la limite fixée par le contrat, l'argent est versé automatiquement.

En tout, plus de cent millions de personnes sont assurées contre les risques climatiques dans les pays en développement. Ainsi, en cas de catastrophe, l'une de ces assurances, la Pacific Catastrophe Risk Assessment & Financing Initiative (PCRAFI), verse douze fois la valeur de la prime (cotisation annuelle) pour la reconstruction de ponts ou d'aéroports après de fortes pluies, une tempête tropicale ou autres.

Les assurances fonctionnant selon des procédures paramétriques, elles peuvent verser les indemnités immédiatement après une sécheresse ou une inondation. Autrement dit, l'argent n'est pas remis seulement après que la somme exacte des dommages est connue, ce qui peut prendre des semaines, mais quand, par exemple, la sécheresse dépasse un indice extrême noté dans le contrat, disons quand l'événement se produit tous les vingt ans ou moins souvent. Pour ce type d'assurances, il est capital de savoir quand un événement qui ne se produisait autrefois que tous les vingt ans (et dépassait donc l'indice tous les vingt ans en moyenne) risque tout à coup de survenir tous les cinq ans et d'occasionner au passage des dégâts plus importants.

Si les compagnies d'assurances veulent encore gagner de l'argent à long terme grâce à ce modèle, elles doivent constamment augmenter le montant des primes, ce qui finit par les exclure des moyens de quantité de pays économiquement faibles. À l'heure actuelle, beaucoup ne peuvent ou ne veulent déjà pas souscrire ce genre de garanties. Les plus pauvres parmi les pauvres ne trouvent donc pas d'échappatoire à leur situation.

Et si la science de l'attribution apportait un début de solution ? Dans un premier temps, nous pouvons calculer comment le risque de dégâts climatiques s'est modifié dans un lieu donné, ainsi que la part attribuée au changement climatique. Cette part pourrait être prise en charge par un fonds international alimenté par les États industrialisés. Dès lors, il resterait intéressant pour les assureurs de contracter avec les pays en développement[20], et ces derniers continueraient à bénéficier de leur couverture au même tarif.

Les assurances garantissant les risques climatiques ont fait leurs preuves par des indemnisations immédiates. Mais elles n'ont pour l'instant pas grand-chose à voir avec la justice climatique, car la part du changement climatique n'est pas prise en compte, et les pays les plus riches ne participent pas systématiquement mais sporadiquement aux frais, en subventionnant les assurances par l'aide au développement.

Toutefois, la pire alternative serait sans aucun doute qu'un État, quel qu'il soit, ignore complètement les dommages climatiques, ou rejette le problème sur des communautés déjà exsangues. Quand cela arrive, il ne reste que l'action devant les tribunaux pour rétablir la justice climatique en dehors de toute considération politique.

Quand aucune solution satisfaisante n'est trouvée à l'échelle nationale ou internationale, les victimes du changement climatique pourraient jouer ce va-tout, et traîner les entreprises et les États qui émettent le plus de dioxyde de carbone devant les tribunaux nationaux, voire la Cour européenne des droits de l'homme lorsque des portions entières de la population perdent tout moyen de subsistance, comme dans le cas d'une île devenue inhabitable.

Débat sur la responsabilité globale : les États et les grands groupes sur le banc des accusés

Si vous aviez lu attentivement les journaux du 6 avril 2018 en Grande-Bretagne ou en Allemagne, vous auriez découvert, dans les dernières pages, une nouvelle qui dégageait une petite sensation : le plus haut tribunal de Colombie venait de donner raison à 25 enfants et jeunes gens, qui accusaient le gouvernement d'inaction dans la lutte contre le changement climatique. Les plaignant·e·s, âgé·e·s de 7 à 26 ans, avaient argué que la destruction de la forêt primaire, et donc l'accélération de l'effet de serre, exerçait un effet sérieusement préjudiciable sur leur vie et leur santé.

En Colombie, la forêt équatoriale couvre une surface à peu près équivalente à l'Allemagne et la Grande-Bretagne réunies. Malheureusement, la déforestation a récemment connu un regain, au profit de l'agriculture et de l'élevage. Étant donné que, selon les plaignant·e·s, le gouvernement a laissé faire sans la moindre objection, il a manqué à sa mission de garantir les droits constitutionnels que sont la vie, la liberté et la propriété[1].

Ce procès climatique était une première en Amérique du Sud. Quasiment personne n'aurait parié sur un succès, ne serait-ce que parce que la partie civile était constituée d'enfants et que les accusés avaient le bras long. Pourtant, le tribunal a donné suite à la plainte et sommé le gouvernement de présenter, dans les quatre mois, un plan d'action pour restreindre la déforestation de la région amazonienne[2].

Voilà des dizaines d'années que les multinationales de l'énergie et les gouvernements sont informés des répercussions sur le climat de la combustion des ressources fossiles et des catastrophes qu'elles réservent aux générations futures. Pourtant, bien peu se sont interrogés sur leur politique ou leur modèle économique, sans même parler de les remettre à plat. Conséquence : en 2017, le monde a battu son record d'émissions de dioxyde de carbone[3]. Jusqu'à une période récente, la question était de savoir combien de temps s'écoulerait avant que les responsables ne soient inquiété·e·s. Tôt ou tard, parce qu'on leur aurait menti sur leur avenir, nos enfants finiraient par se rebeller – ou du moins leurs enfants ou petits-enfants – et il·elle·s tenteraient de mettre les responsables face à leurs actes.

Ce moment est venu[4].

Aux Pays-Bas, en 2015, un collectif citoyen est allé en justice au nom des générations futures et a obtenu gain de cause. Le tribunal (national) de La Haye a enjoint le gouvernement d'être plus actif en faveur de la protection du climat, et d'aligner ses objectifs, jusque-là définis en interne, sur les déclarations du GIEC[5]. Toujours en 2015, dans plusieurs États états-uniens, des enfants et des jeunes ont également sommé les gouvernements de rattraper leurs objectifs climatiques. Le verdict est encore attendu dans la plupart des cas[6]. En Inde, c'est à l'initiative d'une petite fille de 9 ans qu'un tribunal a condamné le gouvernement à respecter l'accord de Paris en réduisant ses émissions de gaz à effet de serre. Après tout, ce sont les enfants d'aujourd'hui qui devront payer demain le prix de l'inaction des politiques[7].

La jeune génération se rallie à toute une série de plaintes sur le climat, toujours plus nombreuses et déposées devant toutes sortes de tribunaux. Aux États-Unis, ce sont surtout les multinationales pétrolières qui sont visées, et en Europe, plutôt les gouvernements. Les plaignant·e·s ? Ce sont des villes côtières des États-Unis telles que San Francisco, New York et Baltimore, qui demandent des réparations aux groupes pétroliers comme ExxonMobil, afin de s'adapter à l'élévation du niveau de la mer par la construction de digues[8]. Ce sont aussi dix familles de cinq pays de l'Union européenne, du Kenya et des îles Fidji, ou encore une organisation de jeunes en Suède, qui veut forcer l'Union européenne à fixer des objectifs climatiques plus ambitieux[9], sans compter des personnes âgées en Suisse, qui exigent la même chose de leurs autorités[10]. Selon un recensement[11], 920 plaintes auraient déjà été déposées aux États-Unis et 269 dans d'autres pays[12] (suivant un état des lieux effectué en octobre 2018).

Les premiers succès montrent que l'idée de l'action en justice fonctionne. Quand les États ne remplissent pas leur devoir, en ne s'engageant pas assez pour contenir le changement climatique, les tribunaux peuvent les retoquer et les rappeler à leur mission. Même l'Allemagne est sur la sellette. À l'été 2018, la chancelière Angela Merkel déclarait que son gouvernement n'atteindrait malheureusement pas les objectifs climatiques qu'il s'était fixés. Ce n'est pourtant pas le temps qui a manqué… Mais en douze ans depuis le début de son mandat, les émissions de gaz à effet de serre n'ont guère diminué[13]. Les journaux n'ont parlé que de façon très marginale de ce qui était en réalité un scandale. En août 2018, le gouvernement Merkel s'est même opposé au commissaire européen au climat, Miguel Arias Cañete, pour qu'il abandonne son projet de relever les objectifs climatiques de l'Union[14].

La réaction ne s'est pas faite attendre. Fin octobre 2018, trois familles d'agriculteur·rice·s, en association avec l'organisation écologiste Greenpeace, ont assigné le gouvernement allemand en justice pour son attentisme. Selon eux·elles, il aurait « planifié ses actions sans fondement ni justification suffisante », si l'on en croit l'acte d'accusation publié dans le *Spiegel*[15]. Parce qu'il a abandonné l'objectif climatique de 2020, le gouvernement entrave le droit des agriculteur·rice·s « à la vie et à la santé », « à la liberté professionnelle » et à la « garantie de la propriété ». À leurs propres dires, les paysan·ne·s bio se voient également confronté·e·s à des événements météorologiques extrêmes aggravés par le changement climatique.

Le caractère des plaintes a changé

La liste des plaintes qui ont abouti est encore réduite, en comparaison de celles qui ont échoué ou n'ont même pas été prises en compte[16-17]. Ces rares victoires se cantonnent avant tout aux pays qui ont assez peu contribué au changement climatique – la Colombie par exemple. Cela ne veut pas dire que ces pays ne devraient pas instaurer des objectifs de protection du climat, car chaque effort, aussi modeste soit-il, produit des effets.

Mais la Colombie ou les Pays-Bas ne sont pas les États-Unis ni la Chine. C'est probablement pour cette raison que les premières plaintes à avoir connu un dénouement favorable n'ont pas pour autant capté une grande attention. Leur faible retentissement dans le monde est aussi lié au fait qu'elles souffraient du handicap des négociations internationales sur le climat, qui n'abordent que rarement les problèmes concrets du présent – sécheresses, inondations ou tornades –, préférant tergiverser sur l'avenir par des projections abstraites de modifications moyennes du climat au niveau d'un pays ou d'un continent.

Jusqu'à présent, les plaintes ne pouvaient influencer que la politique des États, pas la politique internationale. Les dirigeant·e·s des pays gros émetteurs de gaz à effet de serre n'ont donc pas modifié leur modèle économique ni restructuré leurs conglomérats[18]. Cependant, les premiers petits succès sont peut-être le début d'une vague de plaintes qui, à plus grande échelle, pourrait bien ébranler le monde. Car entre-temps, les accusations ont évolué. Pendant longtemps, elles tournaient autour des droits des générations futures, des fausses informations diffusées par les multinationales, et des gouvernements qui ne respectaient pas leurs propres lois et objectifs. Mais aujourd'hui, beaucoup d'entre elles se concentrent sur les dommages tangibles occasionnés par le changement climatique, sous la forme d'événements météo extrêmes et de l'élévation du niveau des océans. Et c'est là que nous entrons en jeu.

Le coup d'envoi a été donné en 2009 par un village de l'extrême Nord-Est de l'Alaska, dans lequel vivaient 400 Iñupiat autochtones. Régulièrement assaillie par de terribles tempêtes hivernales, la localité de Kivalina fut pendant longtemps protégée par une carapace de banquise. Mais en raison du réchauffement de la planète, ces barrières de glace se sont mises à fondre de plus en plus ; il arrivait que les tempêtes déversent de l'eau de mer sur le village, rognant ainsi le littoral. Consécutivement, les habitations menaçaient d'êtres englouties par la mer de Béring, et le village dut être déplacé.

C'est pourquoi les habitant·e·s ont attaqué en justice celles qu'il·elle·s identifiaient comme les coupables de leur malheur, à savoir les multinationales pétrolières telles qu'ExxonMobil et les entreprises d'extraction de charbon comme Peabody Energy. Chef d'accusation : un complot. Selon eux·elles, les multinationales auraient sciemment dissimulé les effets de la combustion des ressources fossiles sur le climat. En outre, et c'était une première, il·elle·s ajoutaient un autre aspect à leur démarche, en réclamant des compensations pour la perte de leur village. Hélas, le tribunal rejeta la plainte sans rechercher la cause des dommages, au motif que ce procès n'était pas de son ressort mais de celui du Congrès américain. De plus, le problème était trop abstrait, puisque selon le juge, il n'était guère possible de déterminer la cause de la ruine de Kivalina[19].

« Le réchauffement global est un phénomène planétaire diffus », écrivait alors le *New York Times*, à une époque où la science de l'attribution en était encore à ses balbutiements. « Or, une plainte pour perturbation de l'ordre et de la sécurité publics ne trouve d'écho que si le lien entre les dommages et le comportement du prévenu est clairement établi[20]. »

C'est en 2015 qu'une demande de dommages et intérêts du même genre a été déposée en Allemagne. Le plaignant était un homme qui ne parle pas un mot d'allemand et n'était encore jamais venu en Allemagne jusqu'à ce qu'il dépose sa plainte devant le tribunal du Land d'Essen. Agriculteur des Andes péruviennes, Saúl Luciano Lliuya vit en périphérie de la ville de Huaraz, dans un village à 3 100 m d'altitude. Depuis son champ de pommes de terre, on peut admirer les sommets de la Cordillera Blanca. En l'occurrence, cette chaîne montagneuse est de moins en moins blanche, car ses glaces fondent au fur et à mesure du réchauffement de la Terre, découvrant les rochers noirs[21].

L'eau de fonte s'écoule dans un lac glaciaire, le Palcacocha. Situé à environ 1 000 m au-dessus de Huaraz, il est plein à ras bord. Si un gros bloc de glace se détachait et tombait dans le lac, la vague pourrait submerger de vastes parties de la ville, y compris la ferme de Lliuya. En 1941 déjà, il est arrivé qu'un pan de glacier s'écroule dans le lac, et 1 800 personnes ont péri emportées par la vague[22]. Or la surface du lac est maintenant considérablement plus élevée qu'à l'époque.

Lliuya vit chaque jour avec cette épée de Damoclès au-dessus de la tête. Pour le protéger, ainsi que la ville, il faudrait construire une digue, mais cela représente un coût que la municipalité de Huaraz ne peut ou ne veut pas payer. Ce qui a conduit notre agriculteur à penser que les coupables de cette situation explosive pourraient mettre la main à la poche. Selon lui, le groupe allemand RWE, fournisseur d'énergie originaire d'Essen, en fait partie. Aidé par l'organisation écologiste allemande Germanwatch[23], il a porté plainte contre le plus gros émetteur européen de CO_2. Toujours d'après Lliuya, RWE a contribué par ses émissions à la fonte des glaciers andins, si bien que le lac menace désormais de submerger son habitation et son exploitation[24].

La plainte était déjà nettement plus étayée que celle des Iñupiat. Dans la mesure où RWE est responsable de 0,5 % de toutes les émissions de gaz à effet de serre dans le monde, la multinationale devrait logiquement prendre en charge 0,5 % du coût des travaux que la ville natale de Lliuya devrait engager pour se protéger d'éventuelles inondations, soit 17 000 euros.

Pour RWE, c'est une piqûre de moustique. Néanmoins, la victoire de Lliuya signifierait bien plus que cette somme : en accédant à sa requête, le tribunal pourrait créer une jurisprudence et inspirer de nombreux procès climatiques de ce genre à travers le monde.

Mais pour en arriver là, il faudrait déjà pouvoir prouver que les molécules de CO_2 émises par RWE ont vraiment contribué à faire fondre le glacier qui surplombe la ferme de Lliuya. La plainte s'appuie sur le paragraphe 1004 du Code civil allemand, selon lequel « le propriétaire peut exiger de la part de l'offenseur le retrait de la nuisance » – un paragraphe auquel on se réfère surtout dans les querelles de voisinage où la causalité est facile à établir. Dans le cas Lliuya *vs* RWE AG, les choses ne sont pas si simples…

C'est pourquoi le tribunal d'Essen a rejeté la plainte en première instance, suivant l'argument qu'il est impossible d'établir « une chaîne linéaire de causalité » entre RWE et le glacier. Bref, le dossier n'est pas encore clos, et l'on se demande comment l'affaire se poursuivra à la cour d'appel de Hamm, et éventuellement par la suite au tribunal fédéral de Karlsruhe. Ce serait l'occasion de prendre conscience que de telles atteintes sont bien réelles, ce qui est par ailleurs écrit noir sur blanc dans l'accord de Paris, ratifié par tous les pays du globe. Mieux encore : à l'heure actuelle, la chaîne causale peut parfaitement être démontrée, contrairement à l'époque où les Iñupiat du village arctique de Kivalina avaient déposé leur plainte. À l'aide de nos études d'attribution, nous pouvons dorénavant calculer la part de responsabilité du changement climatique dans un événement extrême, mais aussi imputer les dégâts climatiques à des pays ou des entreprises. Dans le cas de Lliuya, cela représenterait un gros travail pour nous autres scientifiques, car il ne s'agit pas d'un événement météorologique. En plus du temps, il nous faudrait simuler de façon réaliste le comportement du lac glaciaire. Cela ne me semble pas insurmontable, mais constituerait un véritable défi. Quoi qu'il en soit, cet exemple a pour vocation d'illustrer le mouvement qui vient de s'initier devant les tribunaux. S'il est le premier, Lliuya ne sera sans doute pas le dernier à assigner une société en justice. Car aujourd'hui, nous sommes capables de combler les failles de maintes argumentations autour des dommages engendrés par le changement climatique.

Un inventaire mondial du carbone

Rien de tout cela n'aurait été réalisable sans le travail de Richard Heede. Ce géographe californien aurait, selon ses propres dires, épluché des archives pendant quinze ans pour découvrir combien de CO_2 émettent chaque conglomérat et ses ayants droit depuis le début de la révolution industrielle. Réponse : 93 multinationales ont contribué à hauteur de 63 % aux émissions de gaz à effet de serre entre 1751 et 2010. La moitié de ces émissions ont été libérées dans l'atmosphère après 1988, soit après la fondation du GIEC, quand tout le monde était en position de savoir que le changement climatique existe et qu'il est mesurable[25].

À partir de l'inventaire du carbone dressé par Heede, on peut donc clairement se renseigner sur la contribution de chaque entreprise. C'est là que les choses deviennent intéressantes... On peut lire dans cet inventaire que l'entreprise nationale d'énergie de l'Arabie Saoudite, Saudi Aramco, ainsi que les géants américains du pétrole Chevron et ExxonMobil sont chacun responsables de plus de 3 % des émissions mondiales de gaz à effet de serre relâchées dans l'atmosphère par les êtres humains depuis le début de l'ère industrielle. Ces entreprises sont suivies de près par la multinationale pétrolière BP, le géant du gaz russe Gazprom, l'entreprise anglo-néerlandaise Royal Dutch Shell et l'entreprise pétrolière d'État iranienne National Iranian Oil Company.

Par cet inventaire, Heede a donc fait un premier pas pour appuyer les plaintes contre ceux qui gagnent de l'argent avec les combustibles fossiles. Dans un deuxième temps, des scientifiques membres de l'ONG Union of Concerned Scientists (UCS) ont croisé les données de l'inventaire avec les chiffres du réchauffement global[26]. Mais pour soutenir la deuxième génération de procès climatiques, nous devons encore boucler l'enchaînement des causalités, en établissant le lien entre le réchauffement de la Terre et les dégâts concrets dus aux événements météo extrêmes. C'est sans aucun doute par manque de chiffres que cet aspect a été négligé par les plaintes déposées jusqu'à ce jour. Or grâce à la science de l'attribution, ces chiffres sont désormais disponibles, du moins concernant les plus gros producteurs d'énergies fossiles. Pour élargir les données à d'autres entreprises, nous nous trouvons maintenant face aux pièces d'un puzzle qu'il convient de reconstituer.

Je ne me prononcerai pas quant aux répercussions que pourront avoir ces procès dans les années à venir. Ce qui est sûr, c'est qu'ils ont toutes les chances de faire évoluer les discussions sur le type d'aides que les pays riches et les multinationales peuvent fournir aux pays pauvres pour que ces derniers tiennent en échec les conséquences du changement climatique. Ceux qui ont négligé de diminuer notablement leurs émissions de gaz à effet de serre n'ont plus qu'à bien se tenir.

Non, nous ne sommes pas tous responsables

À ce point de l'exposé, nous devrions nous poser la question de savoir si tout cela est vraiment juste ? Faut-il que des tribunaux s'en prennent à des multinationales, au prétexte qu'elles ont amorcé le changement climatique ? Tout cela est-il indubitablement de leur faute ?

Les conglomérats de l'énergie tels qu'ExxonMobil ou RWE font volontiers remarquer qu'ils extraient et brûlent tout ce pétrole, ce gaz et ce charbon pour la bonne cause, au final, notre confort et notre bien-être. S'il faut désigner un coupable, pourquoi s'en prendre à une entreprise en particulier... plutôt qu'à nous tous ?

Cependant, cette argumentation induit en erreur. Car si tout le monde adoptait ce raisonnement, rien ne changerait jamais et le climat que nous transmettrions aux générations futures serait bien plus hostile que celui d'aujourd'hui, marqué par des événements météo d'une violence que nous ne pouvons même pas concevoir actuellement.

S'en remettre entièrement aux politiques ne suffit plus. La plupart des gouvernements ne prennent pas leurs responsabilités au sérieux, y compris depuis la signature de l'accord de Paris sur le climat, d'une valeur juridique internationale. Et je n'ai pas besoin de citer ici l'Amérique de Donald Trump. En Allemagne par exemple, le déboisement de la forêt de Hambach, l'une des plus anciennes du pays, a commencé à la fin de l'été 2018, en raison du colossal gisement de lignite qu'elle recèle et que compte extraire l'entreprise d'énergie RWE. Cela n'est pourtant plus indispensable à l'approvisionnement du pays en électricité. Le vent, le soleil et autres ressources renouvelables couvrent déjà près de 40 % de ses besoins en énergie[27].

RWE riposte en arguant qu'elle ne fait pas brûler cette lignite pour elle-même mais pour les usager·ère·s, sous-entendant que si ces dernier·ère·s n'achetaient pas l'électricité des centrales à charbon, elle-même ne brûlerait pas de combustibles fossiles. Nous serions donc tous coupables !

Les consommateur·rice·s devraient effectivement se souvenir qu'il·elle·s détiennent un pouvoir, et que plus il·elle·s exigeront de l'électricité propre et des menus végans, plus ceux-ci seront disponibles. Mais le reproche selon lequel nous serions tous complices ne tient que jusqu'à un certain point. Toute notre organisation est bâtie sur les énergies fossiles ; en dépit de tous nos efforts individuels, il est impossible de mener une vie ordinaire sans émettre de gaz à effet de serre. Se chauffer uniquement au soleil, rejoindre son lieu de travail exclusivement à vélo et adopter une alimentation neutre en carbone est tout simplement infaisable si l'on veut conserver une vie sociale.

Bien sûr, il existe à présent des maisons passives, mais elles nécessitent un budget de départ supérieur à celui d'une maison ordinaire, et ces bâtiments sont par ailleurs composés de matériaux dont la production et le transport génèrent des gaz à effet de serre. De même, beaucoup de gens vont travailler à vélo – ce que je fais quotidiennement – mais cela ne vaut que si l'on peut se permettre de vivre en centre-ville plutôt qu'en banlieue. Enfin, pour ce qui est de l'alimentation, les légumes bio et locaux aussi doivent être transportés jusqu'au marché du village ou livrés aux commerçants de la ville.

Je ne veux pas laisser entendre que les actions individuelles sont inutiles – par leur démultiplication, elles sont au contraire très puissantes. Seulement, pour user de ce pouvoir, les consommateur·rice·s doivent être capables de s'organiser et disposer d'un certain niveau d'éducation et de revenus. Les multinationales, quant à elles, peuvent changer les choses de manière beaucoup plus facile et efficace, en adaptant leur modèle économique. Mais tant que l'ancien modèle reste lucratif et légalement autorisé, rien n'évoluera. Et tant que des consommateur·rice·s achètent leurs produits *et* que ces entreprises n'encourent pas le risque de payer des dommages et intérêts vraiment significatifs, rien ne bougera non plus.

Ainsi, il suffirait peut-être qu'une plainte contre RWE, Chevron ou ExxonMobil ait gain de cause, et que le tribunal leur tape sur les doigts suffisamment fort pour amener les autres conglomérats gros émetteurs de CO_2 à se demander s'ils ne feraient pas mieux d'accélérer sérieusement leur transition vers les énergies vertes.

Naturellement, ce n'est pas possible partout. Et pourtant… Par exemple, nous savons comment fabriquer du ciment entièrement neutre pour le climat, mais aucune entreprise n'en produit, parce que cela coûte beaucoup plus cher. La perspective d'être condamné à de lourdes amendes, de voir ses activités perturbées ou de perdre la confiance des client·e·s pourrait toutefois changer la donne.

En outre, la question se pose de savoir si l'on peut établir la culpabilité d'un conglomérat d'un point de vue *juridique*, s'il était de son devoir de protéger la population des conséquences du changement climatique, et s'il s'est activement soustrait à ce devoir. Si vous attaquez l'industrie du tabac, vous pouvez plus aisément prouver que l'entreprise a sciemment causé des dommages ou négligé le risque. Tandis que la combustion d'énergies fossiles comporte quelques avantages en même temps que ses inconvénients. Personne ne songerait, en effet, à nier la commodité du courant électrique !

Bien entendu, nous connaissons déjà depuis longtemps les conséquences de l'exploitation des sources d'énergies fossiles et des émissions de gaz à effet de serre. Et les énergies vertes développées entre-temps constituent une véritable alternative. Malgré tout, il n'est pas si facile de prouver qu'une entreprise est à l'origine des dommages qui contreviennent à la loi. Encore moins que c'était intentionnel. C'est justement pour cela que bon nombre des premières plaintes climatiques sont restées lettre morte. La démonstration est beaucoup plus complexe que pour l'industrie du tabac[28]. À ce jour, aucune loi n'interdit d'émettre des gaz à effet de serre. À l'inverse d'autres gaz, il n'existe aucune régulation à ce sujet. Ainsi, les bateaux peuvent encore faire le plein de mazout en toute impunité. Et tandis que la régulation évolue dans de nombreux domaines, on ne peut exclure de devoir attendre encore quelques années avant que des interdictions soient effectivement promulguées, si tant est que cela se produise un jour.

Mais peut-être ces lois ne seront-elles pas nécessaires à faire aboutir les procès climatiques, pour peu que ces derniers se fondent sur des études d'attribution.

Les procès climatiques du futur

Désormais, les juristes suivent de très près l'évolution de notre branche de recherche. Certain·e·s d'entre eux·elles tiennent même les études d'attribution pour la pierre angulaire des futurs procès climatiques[29-30-31]. La raison en est simple : d'une part nos études permettent d'analyser des cas concrets de désordres liés au climat ; d'autre part certain·e·s juristes estiment encore plus déterminante l'existence des multiples études montrant déjà dans quelles proportions la probabilité des événements extrêmes a augmenté à cause des gaz à effet de serre rejetés dans l'atmosphère par l'action humaine. Plus il y a d'études – et il y en a de plus en plus chaque semaine –, plus les conséquences du changement climatique sont indéniables. Pas en moyenne ni à l'échelle de la planète, mais dans des lieux et à des moments bien précis.

Alors que nous savons déjà depuis longtemps que la fréquence des sécheresses s'accroît de manière non négligeable dans de nombreuses régions semi-arides, l'attribution d'événements extrêmes nous apprend qu'une sécheresse telle que celle qui a failli mettre hors service le système d'approvisionnement en eau de la ville du Cap risque de se produire tous les cent ans à l'heure actuelle, mais environ tous les trente ans dans un monde plus chaud de 2 °C, et seulement une fois tous les trois siècles dans un monde sans changement climatique. Nul ne pourra plus dire qu'il ne savait pas.

Il n'y a donc pas nécessairement besoin de lois interdisant l'émission de gaz à effet de serre, selon les avocates Sophie Marjanac et Lindene Patton[32], avec lesquelles j'ai participé à de nombreux congrès, tables rondes et conférences. Étant donné la quantité d'études attestant les effets tangibles d'une météo extrême, il n'est plus possible de fermer les yeux sur la réalité du dérèglement climatique. Plutôt que prouver la culpabilité des uns ou des autres, les deux juristes cherchent surtout à établir des faits incontestables. Or aujourd'hui, nous disposons de données probantes.

La question n'est donc plus de savoir si, oui ou non, un tribunal recourra à des études d'attribution, mais quand il le fera. La préparation des premiers dossiers de demandes de dommages et intérêts ainsi étayées est déjà en cours.

Concrètement, que va-t-il se passer ?

Au fond, ce qui compte, c'est de connaître la part de responsabilité imputable à un État ou à un conglomérat dans une sécheresse, une inondation ou un cyclone. En d'autres termes, on ne peut tenir pour responsable une entreprise que de la part de dégâts occasionnée par le changement climatique. S'il est clair que le bouleversement du climat a majoré l'intensité d'une sécheresse de 20 %, il faudra répercuter cette augmentation sur le montant des réparations, soit directement par une estimation simple comme dans le rapport « Heavy Weather », soit à l'aide d'équations économiques empiriques qui convertissent, par exemple, des niveaux de pluviométrie en dollars.

Par ailleurs, il faut élucider quelle est la contribution de l'entreprise ou de l'État en question dans l'ensemble des émissions de gaz à effet de serre depuis le début de l'industrialisation. Cette contribution est comme la pièce d'un puzzle. Dans le cas des multinationales, la déterminer représente un travail de titan, mais c'est un peu plus facile dans le cas des États, puisqu'un inventaire des émissions annuelles de chacun existe déjà depuis longtemps. Les pays signataires de l'accord de Paris (et des accords précédents) s'engagent en effet à rendre compte de leurs émissions chaque année.

En chiffres, les principaux responsables des canicules

Par son minutieux travail de détective, Richard Heede est parvenu à chiffrer l'impact des entreprises génératrices des plus grosses émissions de CO_2 sur le réchauffement planétaire. De leur côté, les collègues du Centre international de recherches sur le climat d'Oslo (Center for International Climate Research, CICERO) ont fait de même (en collaboration avec notre institut) pour les plus mauvais élèves parmi les États[33], en traduisant les émissions[34] de chaque pays en une portion du réchauffement global.

Résultat : les principaux responsables du fait que la Terre s'est réchauffée en moyenne de 1 °C depuis le début de l'ère industrielle sont, dans l'ordre, l'Union européenne (17 %), suivie des États-Unis (tout juste 16 %) et de la Chine (environ 11 %).

Mais les choses sont-elles vraiment aussi simples ?

Les États-uniens pourraient opposer qu'au début de la révolution industrielle, les conséquences de l'émission de gaz à effet de serre étaient encore inconnues, de sorte que nul ne peut être tenu pour responsable, du moins pas avant que tout le monde soit informé. En principe, la nouvelle était déjà répandue à la fin des années 1920, grâce aux travaux du physicien et chimiste Svante Arrhenius, qui firent grand bruit dans les cercles d'initié·e·s, mais aussi dans la presse[35]. Par la suite, la connaissance de l'effet de serre et de ses causes sombra dans l'oubli jusqu'au milieu du siècle, en tout cas pour le grand public. Mais à partir de 1990, la prescription ne s'applique plus, car c'est l'année du premier rapport du GIEC. Par conséquent, si l'on ne compte les émissions qu'à dater de 1990, le résultat est différent : la Chine caracole en tête avec 12 %, les États-Unis prennent la deuxième place avec 11 %, et l'Union européenne atteint encore 9 %.

Selon certaines critiques, en partie justifiées, ce mode de calcul désavantagerait les pays qui ne profitent de l'industrialisation que depuis peu de temps. Voir la Chine et l'Inde. De surcroît, l'année marquant le commencement des émissions est encore l'objet de débats, tout comme la nature des émissions qu'il faudrait comptabiliser. Parce qu'il est celui qui constitue la plupart des émissions climato-actives, et qu'il stagne dans l'atmosphère pendant des siècles, le principal gaz à effet de serre est le dioxyde de carbone. Si l'on ne considère que ces émissions-là, le résultat change encore : les États-Unis remportent la palme avec 26 %, talonnés par l'Union européenne avec 23 %, puis la Chine avec 10 %. Ce qui signifie bien entendu 26, 23 et 10 % de responsabilité dans l'élévation de la température moyenne de notre biosphère. Selon ce mode de calcul, les États-Unis et l'Union européenne sont à eux seuls responsables pour moitié de cette augmentation, soit 0,5 °C.

Pour tous ces chiffres, il y a de bons et de mauvais arguments, qui diffèrent largement selon qu'on en fait une interprétation politique, sociale ou juridique. Mais ils mettent correctement en lumière, de diverses façons, quels sont les pays qui portent la plus lourde responsabilité dans le réchauffement global.

À partir de ce travail, je suis passée à l'étape suivante, en collaboration avec mes collègues norvégien·ne·s : nous nous sommes demandé si de tels calculs pourraient aussi s'appliquer à un événement extrême en particulier[36]. En bref, la réponse est oui.

À titre d'exemple, nous avons choisi d'analyser la canicule de 2013 en Argentine, dont la probabilité a été multipliée par cinq sous l'effet du changement climatique, soit une augmentation de 400 %. Nous avons réparti ce chiffre sur les différents pays, afin de calculer dans quelles proportions les États-Unis, la Chine, l'Union européenne ou le Japon avaient accru la probabilité de cette canicule par leurs émissions. Personne n'avait encore établi d'attribution État par État, et j'ai dû développer une nouvelle méthode pour y parvenir[37].

Réponse : les États-Unis et l'Union européenne ont augmenté la probabilité de la canicule en Argentine de près de 30 % chacun, la Chine d'environ 20 %, suivie de l'Inde, de l'Indonésie et du Brésil (environ 10 % chacun), du Japon (7 %), du Canada (5 %) et du reste des pays industrialisés (7 % en tout), parmi lesquels l'Australie.

Notre article est paru en 2017, et des juristes l'ont cité dans des revues spécialisées pour illustrer le potentiel de l'attribution d'événements extrêmes, qui est capable de prouver l'enchaînement des causes et des conséquences entre les émissions de gaz à effet de serre par les États ou les entreprises et un événement météorologique extrême. Or c'est très exactement la démonstration qui manquait, selon les attendus du jugement, pour que la plainte aboutisse, dans le cas du village arctique de Kivalina comme dans celui du paysan péruvien Lliuya, à savoir « un enchaînement linéaire de preuves[38] ».

Il est vrai que je ne suis pas moi-même une professionnelle du droit. Mon interprétation sur ce point hautement complexe découle d'échanges avec des juristes spécialisé·e·s dans ce domaine et de la lecture d'articles dans des revues juridiques. Mais les tribunaux ne devraient plus s'étonner de ce type d'argumentaires. Depuis quelque temps, ils parlent de droit basé sur des responsabilités partagées et de preuves prenant en compte les probabilités. Après tout, des plaintes similaires ont déjà été déposées par le passé, voir la demande de dommages et intérêts d'employé·e·s de mines d'uranium, qui n'avaient pas été suffisamment protégé·e·s et ont été victimes du cancer.

Un autre indice de l'entrée de l'attribution d'événements extrêmes dans la vie réelle est perceptible du côté de la Nouvelle-Zélande, où le ministre des Finances a chargé mon confrère David Frame de calculer les coûts occasionnés ces dix dernières années par le changement climatique. Avec ses collègues, David a donc chiffré, à l'aide d'études d'attribution, la part du changement climatique dans les événements météo les plus coûteux entre 2007 et 2017. Le ministère des Finances de ce paisible État insulaire a ensuite pris à son compte l'évaluation prudente selon laquelle le changement climatique avait coûté 120 millions de dollars en augmentant le risque d'inondation, et 720 millions de dollars pour le risque de sécheresse. Si les études d'attribution sont suffisamment intéressantes pour un gouvernement, pourquoi un tribunal ne s'appuierait-il pas sur de tels calculs[39] ?

Il reste encore quelques obstacles à franchir. Par exemple, que peut faire un tribunal face aux incertitudes des différentes études ? Ces incertitudes inhérentes à la pratique scientifique risqueraient de compliquer n'importe quelle enquête judiciaire[40]. Et comment réagirait ce tribunal si un même événement extrême pouvait être défini de façons totalement dissemblables, et que le plaignant et l'accusé se jetaient à la tête des études d'attribution aux résultats variés, quoique tous exacts[41] ?

Ce que les scientifiques peuvent ou ne peuvent pas faire

On nous reproche parfois de nous instrumentaliser nous-mêmes et de nous laisser récupérer par les activistes de l'environnement. Pour certain·e·s scientifiques, les procès climatiques relèvent de l'économie parallèle et il·elle·s voient d'un mauvais œil la recherche d'un coupable, car la science devrait selon eux·elles se limiter à faire progresser les connaissances, ce qui est évidemment absurde.

Pourquoi nier que nous sommes des êtres humains comme les autres ? Avec nos convictions politiques et nos valeurs, qui influencent inévitablement nos recherches. Le plus important est que les scientifiques puissent rester indépendant·e·s. C'est pour cela que nous publions tous nos travaux et n'acceptons aucun projet dont les financeurs voudraient garder pour eux les conclusions. Il est essentiel pour nous de conserver la propriété intellectuelle de toutes les données que nous produisons. Parce que nous tenons ce cap, certaines études n'ont pu être menées à bien au cours des dernières années, notamment avec des fournisseurs d'infrastructures qui voulaient savoir à quel endroit de leurs installations le risque d'événements météo extrême avait particulièrement augmenté.

Bien sûr, les tribunaux ne peuvent pas remplacer la politique, ce n'est évidemment pas leur rôle. Mais grâce à un grand procès spectaculaire ou à une multitude de petits moins exceptionnels, la justice climatique peut contribuer à faire avancer les choses, précisément dans les instances de la politique ou de la société réticentes à se laisser convaincre par les arguments de la science, entre les multinationales de l'énergie cramponnées au passé et les gouvernements qui considèrent de leur devoir de mener une politique *pour l'économie.* Souvent, cette dernière se porterait pourtant bien mieux si elle reposait sur un système durable, soutenable, orienté vers le long terme.

Le rôle bien plus fondamental d'un tribunal est d'assurer la justice pour toutes les personnes qui n'ont pas la possibilité de faire entendre leur voix. Ce sont ici les générations futures, nos enfants, qui ne peuvent pas voter, mais devront vivre avec le changement climatique et endurer ses destructions.

En Colombie, ces jeunes ont été entendu·e·s. Mais si au lieu d'attaquer ce pays relativement pauvre, qui ne joue qu'un rôle secondaire sur la scène internationale, il·elle·s avaient exigé plusieurs millions de dollars de compensation auprès d'ExxonMobil aux États-Unis, l'affaire aurait sûrement fait les gros titres partout dans le monde. Et si les études d'attribution peuvent servir de levier pour une plus grande justice internationale, alors je veux bien que mes collègues me reprochent de participer à la recherche des coupables.

Le changement climatique au quotidien : adopter un nouveau regard sur le temps qu'il fait

À l'été 2018, beaucoup de gens ont commencé à s'interroger. Pendant des mois, une chape brûlante s'est abattue sur le Nord de l'Europe et une chaleur extrême a également régné dans d'autres régions de l'hémisphère septentrional. À l'instar des Allemand·e·s, les Britanniques ont apprécié le soleil et l'air chaud ; l'industrie hôtelière s'est frotté les mains et les brasseries ont enregistré des recettes fabuleuses. Mais de nombreuses personnes se sont tout de même méfiées de cet été inhabituellement long, chaud et sec.

Durant cette période, j'ai constaté une chose étonnante : partout, les gens se mettaient à parler du changement climatique. Dans les cafés et les bars, dans les trains et les avions, dans les bureaux et dans la rue, si vous tendiez l'oreille, vous pouviez toujours saisir cette question au vol : « Est-ce encore normal ou bien déjà le changement climatique ? »

Comme les journalistes du monde entier voulaient eux·elles aussi une réponse à cette question, mon collègue Geert Jan et moi-même donnions interview sur interview afin d'éclairer, par nos connaissances scientifiques, ce qui se passait en Europe.

Ce qui se passait ? Tout le monde pouvait le remarquer, moi incluse. Traversant l'Allemagne en train, j'aurais pu me croire dans un pays méditerranéen ! Les champs desséchés jaunissaient, les sols durcissaient et se craquelaient, et les lacs se réduisaient à de misérables mares. Le fluviomètre de l'Elbe était si bas que l'on voyait quelques *hungersteine,* ces « pierres de faim » qui ne se découvrent qu'en cas d'étiage extrême. Le plus souvent, ces repères hydrologiques restent immergés pendant des années, parfois des décennies, voire des siècles, contrairement aux marques sur les rochers, régulièrement rattrapées par les crues.

Juste après la frontière allemande, sur la rive gauche de la petite ville tchèque de Děčín, l'une de ces pierres s'est exposée dans le lit de l'Elbe. Un dicton y était gravé : « Si tu me vois, tu peux pleurer. » Il a probablement été inscrit là au XIXᵉ siècle, témoignant des années de sécheresse au cours desquelles les paysan·ne·s perdaient leurs récoltes et les habitant·e·s de la ville souffraient de la faim. On peut aussi lire sur le basalte une liste de dates correspondant aux années de chaleur extrême : 1862, 1842, 1800, 1790, 1616. On ne reconnaît presque plus les inscriptions de 1473 et 1417[1].

Les températures ont également battu des records dans d'autres régions d'Europe, aux Pays-Bas, en Grande-Bretagne, où la saison estivale s'est signalée comme la plus chaude depuis le début des relevés, à égalité avec le légendaire été 1976.

Fin juillet, des forêts ont commencé à brûler en Suède et en Grèce, mais aussi ponctuellement en Grande-Bretagne et en Allemagne. Des journalistes de plus en plus nombreux·ses nous ont appelé·e·s, parce qu'il·elle·s voulaient en entendre un peu plus que la phrase passe-partout : « Dans un climat qui se réchauffe, il faut s'attendre à des canicules plus fréquentes. » Nous avons donc décidé de lancer une étude d'attribution[2]. Sans tarder !

Nous nous sommes concentré·e·s sur l'Europe du Nord, car nous disposions d'abondantes données fiables et connaissons bien la météo de ce secteur. Prendre en compte d'autres vagues de canicule dans le monde aurait exigé trop de temps. Nous voulions dévoiler nos résultats aussi vite que possible. En Europe du Nord, les températures se sont particulièrement éloignées des moyennes enregistrées au fil de longues années. Surtout en Scandinavie, en Grande-Bretagne et aux Pays-Bas. Cette fois, nous ne voulions pas considérer des pays entiers comme nous l'avions fait par le passé, car la moyenne nationale ne nous indique guère comment les habitant·e·s de Kiel ou d'Utrecht vivent la chaleur, ni ceux·celles de Dublin ou de Linköping, d'Oslo ou de Copenhague, de Sodankylä ou de Jokioinen en Finlande. C'est pourquoi nous avons détaillé à la loupe chacune de ces villes ou localités, qui disposent toutes de copieuses listes de relevés météo, dont certaines remontent à 1874. Notre objectif était de savoir à quel point la canicule était extrême et dans quelle mesure le changement climatique s'en était mêlé. Bref, de répondre à la question qui semblait tous nous tarauder.

L'une de nos premières découvertes fut que cette canicule n'était finalement pas si exceptionnelle que cela[3]. Ces derniers temps, on peut craindre une période de chaleur de ce calibre tous les cinq ans, selon nos études statistiques. À Dublin et Oslo, tous les huit ans.

Mais comment est-ce possible ? Oslo venait quand même de vivre le mois de juillet le plus chaud depuis le début des relevés ! Il y avait donc des températures record, bien que cette canicule ne fût plus un événement rare ?

Ce paradoxe apparent s'explique facilement. Il faut comprendre que le dérèglement du climat entraîne presque partout sur la planète des températures plus élevées. En d'autres termes, il se peut très bien que les gens fassent l'expérience de journées de canicule comme ils n'en ont jamais connu de toute leur vie. Seulement, d'un point de vue statistique, elles sont devenues tout à fait ordinaires, parce que le changement climatique a déplacé le curseur de la norme. Si nous avions encore le système climatique d'il y a, disons, 250 ans, 31,2 °C à Oslo pendant trois jours consécutifs (comme cela s'est produit en 2018), voilà qui aurait incontestablement constitué un événement extrême. Or dans les conditions climatiques actuelles, ce n'est plus le cas.

L'été 2018 à Oslo fournit donc un exemple cinglant de ce que le changement climatique représente pour le quotidien de la population, et les températures record reflètent désormais le nouvel étalon.

Il s'agit maintenant de définir dans quelle mesure le changement climatique a augmenté la probabilité de cette vague de chaleur en juillet. Nos simulations informatiques nous ont révélé que cette probabilité a doublé à Dublin, triplé à Oslo et quintuplé à Copenhague. Le changement climatique est donc devenu pleinement perceptible dans ces villes, de même qu'à Kiel, Utrecht et Linköping. À chaque fois, les chiffres se rejoignent et confortent le constat que nous faisons bien face à une *nouvelle norme*.

Canicule de 2018 : couverture médiatique mondiale

Nous avions commencé notre étude le mardi et publié nos résultats le vendredi[4]. Dans notre équipe, personne n'avait imaginé ce qui se passa ensuite. L'étude fit l'effet d'une bombe – à l'échelle mondiale. Le mardi matin, soit à peine quatre jours après notre présentation, 2 500 médias avaient relayé notre étude, rien que pour la presse écrite ! Il faut encore y ajouter la radio et la télévision. Non seulement en Europe, mais sur tous les continents, avec la BBC, le magazine *Scientific American* et le portail d'information chinois Xinhuanet. Jusqu'à présent, seule notre étude sur Harvey avait bénéficié d'un tel écho.

Lorsque nous avons démarré notre projet de la *World Weather Attribution*, nous n'aurions pas imaginé recevoir un jour autant d'attention. En 2014, pour le grand public en Europe ou aux États-Unis, le changement climatique était encore un phénomène qui avait lieu ailleurs dans le monde, deviendrait peut-être un problème pour nos enfants ou les enfants de nos enfants, mais ne nous concernait pas pour le moment.

Cette appréciation paraît avoir évolué aujourd'hui, du moins si l'on se fie à la couverture médiatique de 2018. Le changement climatique semble être enfin entré dans la tête des gens, ou au moins avoir frappé à la porte. Cela n'est sans doute pas seulement à mettre au compte des 170 études d'attribution que nous-mêmes et nos collègues partout dans le monde avons réalisées depuis 2004 sur plus de 190 événements météorologiques extrêmes, mais j'ose avancer qu'elles ont pris part à ce progrès. Selon un sondage du mois d'août 2018, 72 % des Britanniques s'inquiétaient des conséquences du changement climatique au vu du déroulement de l'été[5].

Pendant tout le mois d'août, mes collègues Geert Jan, Robert Vautard et moi avons donné pratiquement une interview par jour au sujet de la canicule. Soudain, tou·te·s les journalistes voulaient parler du changement climatique sur notre seuil, et ce, parce que l'étude se concentrait sur l'Europe du Nord et non sur les États-Unis, le Canada ou le Japon, (même si dans ce dernier pays, des températures supérieures à 41 °C ont envoyé des milliers de personnes à l'hôpital et en ont tué des dizaines d'autres).

Les médias ont accordé une attention incroyable à notre étude… enfin, seulement à la première partie, qui relate que sous l'effet du changement climatique, la probabilité de canicule a doublé à Dublin, triplé à Utrecht et quintuplé à

Copenhague. Nous avions au moins atteint une partie de notre objectif, celui de faire du changement climatique un problème concret ici et maintenant et non un débat sur l'avenir[6].

En substance, les exemples analysés dans l'étude ne disent rien d'autre que ce qui est énoncé dans les rapports du GIEC, à savoir davantage de gaz à effet de serre, des températures plus élevées, un accroissement des canicules. En résumé : la *nouvelle norme*.

Cela dit, on ne peut pas se contenter de mettre en avant le sujet du changement climatique ni de confirmer ce que l'on sait déjà.

Mais au fait, qu'y a-t-il encore de normal de nos jours ?

Jusqu'à présent, je ne vous ai pas encore parlé de deux des sept lieux analysés dans notre étude. Absents de tous les comptes-rendus des médias, ils peuvent pourtant nous en apprendre beaucoup plus sur le changement climatique, et la façon dont il se manifeste dans le temps qu'il fait, que tous les résultats témoignant de l'évolution des températures moyennes. Il s'agit de Sodankylä et Jokioinen. Pour ces deux localités, respectivement situées au nord et au sud de la Finlande, nous disposons de relevés météo significatifs, et là-bas aussi, l'été 2018 a été chaud. Très chaud, même ! Les habitant·e·s de Sodankylä, à l'intérieur du cercle polaire arctique, ont subi des températures maximales de 31,9 °C, supérieures à toutes celles que l'on n'ait jamais mesurées ici en juillet.

De fait, il est impossible de fixer une valeur moyenne susceptible de refléter fidèlement la rareté de cette vague de chaleur. Puisque de telles températures n'ont encore jamais été relevées (à l'opposé d'Oslo, où elles n'ont battu que d'un cheveu le record précédent), nous devons, à l'aide de modèles statistiques, faire comme si nous avions des séries de mesures beaucoup plus longues que celles en notre possession, qui remontent 110 ans en arrière. C'est là que cela devient délicat. Car pour obtenir ces longues séries de mesures théoriques, et donc améliorer la qualité de nos données, nous avons besoin d'un grand nombre de modèles. Cela veut dire aussi que notre résultat ne se présente pas sous la forme d'un seul chiffre, mais d'une large fourchette. Nous ne connaissons donc que les valeurs inférieure et supérieure de la fréquence (ou plutôt de la rareté) de la canicule à Sodankylä. Selon ces simulations, il faut maintenant s'y attendre *au moins*[7] tous les 90 ans. Et plus au sud, à Jokioinen, au moins tous les 140 ans. Nous avons affaire ici à des vagues de chaleur vraiment extrêmes, qui relèvent d'une nouvelle catégorie d'événements, contrairement aux canicules de Copenhague ou de Dublin, qui tombent sous le coup de la *nouvelle norme*.

Lorsque nous sommes passé·e·s à la deuxième étape, il nous a été plus difficile d'attribuer cette canicule au changement climatique. En Finlande, les étés sont effectivement très fluctuants, avec parfois des températures chutant jusqu'au point de gelée, tandis que d'autres peuvent excéder 20 °C. C'est pourquoi il nous est pratiquement impossible de calculer les températures vraisemblables d'une planète affranchie du changement climatique : dans les deux mondes, tout est possible ou presque. La seule chose dont nous pouvons être certain·e·s, c'est que le changement climatique a augmenté la probabilité des canicules.

Bien qu'il s'agisse d'une seule et même vague de chaleur, déclenchée par un anticyclone au-dessus de la Scandinavie, deux scénarios très différents se sont donc déroulés à Oslo et à Sodankylä : dans la capitale norvégienne, les étés sont en général tous assez semblables et les gros écarts de température (quel qu'en soit le déclencheur, et avec la complicité du changement climatique) en sont d'autant plus remarquables ; dans la ville finlandaise, les étés sont si capricieux qu'un signal climatique doit être incroyablement fort pour émerger du fatras de données remarquablement disparates.

Pourquoi est-il important de le souligner ? Non pour dire que le changement climatique est insignifiant en Finlande, mais pour nous demander quelle est encore la norme de nos jours, au beau milieu de cette mutation. En Finlande, un été *normal* se définit mal, car il recouvre une grande amplitude thermique, tandis qu'à Londres ou à Utrecht, il s'inscrit dans des limites plutôt étroites. Alors qu'un été nettement plus chaud dans la partie sud de l'Europe du Nord nous donne un bon exemple de la façon dont le changement climatique se fait sentir dans notre quotidien, ce n'est pas le cas dans la partie nord de la région. En tout cas beaucoup moins. Ainsi, plus le temps est monotone, plus il est facile de prendre le changement climatique en flagrant délit.

La tâche primordiale de notre *World Weather Attribution Team* est probablement de déterminer quel type de temps est encore normal dans le monde actuel. Tout au nord de l'Europe, il est habituel de vivre des étés tantôt chauds, tantôt froids, tandis qu'au sud ils sont systématiquement chauds. Bien que cela puisse paraître anodin, il est toujours nécessaire de savoir quel type de temps est possible, avant de se demander s'il a subi l'influence du changement climatique.

Et n'oublions pas qu'il peut aussi arriver que ce dernier n'ait absolument pas augmenté la probabilité d'un événement météo extrême, mais que d'autres causes l'aient déclenché. Par exemple : la déforestation ; des erreurs d'urbanisme ; une année où le phénomène El Niño est particulièrement chaud ; la variabilité chaotique de la météo elle-même ; etc. Parce que même un été chaud ne dit pas forcément quelque chose du climat, et que l'on ne peut pas clairement discerner le changement climatique derrière chaque événement météorologique.

Parmi les 190 événements extrêmes que nous avons analysés jusqu'à présent (surtout des canicules, des sécheresses, des pluies d'intensité remarquable et des inondations), nous avons constaté que le changement climatique a renforcé ou augmenté la probabilité d'environ deux tiers d'entre eux[8]. Mais il ne s'agit que de ceux que nous autres scientifiques avons examinés. Au cours des dernières années ont eu lieu quantité d'autres événements météorologiques extrêmes, pour lesquels personne n'a encore cherché l'influence du changement climatique.

Le changement climatique est arrivé dans notre quotidien

Il faut reconnaître que ce n'est pas si simple. Néanmoins, les études d'attribution contribuent déjà à clarifier et à mettre en évidence la présence du changement climatique dans notre vie de tous les jours. Nous aurons fait un grand pas en avant si nous ne songeons pas seulement au changement climatique en pleine canicule, mais aussi quand l'hiver gris et froid est de retour, et que nous aimerions bien qu'une petite vague de chaleur passe par là.

La plupart des Européen·ne·s ne commencent que très lentement à modifier leur regard sur la météo. Jusqu'à présent, nous n'y pensions pas outre mesure, sauf pour nous demander si nous avions besoin d'un parapluie pour sortir ou si nous pouvions laisser notre manteau au placard. Par exemple, si Météo France émet une alerte aux orages, cela intéresse peut-être les organisateurs de festivals ou la SNCF, mais ne chamboule pas le programme de la plupart des gens, et encore faut-il qu'ils soient informés de l'alerte. Il en va tout autrement dans de nombreuses régions des États-Unis. Cela ne veut pas dire que les Français·e·s et les Allemand·e·s fassent moins confiance à leurs services nationaux de météorologie (c'est même plutôt l'inverse) ni qu'ils soient plus bêtes. Mais dans le Midwest américain, la population sait que le mauvais temps n'est pas un simple désagrément passager et qu'il peut être fatal. Là-bas, quand une alerte aux orages est diffusée, les gens ne prennent pas leur voiture. Ils se calfeutrent à l'abri chez eux, dans un bunker antitornade souterrain pour certains.

Le dérèglement climatique ne transformera probablement pas l'Europe du jour au lendemain au point que la météo tue régulièrement de nombreuses personnes – la canicule de 2003 était une exception –, mais ce complice des événements extrêmes est déjà perceptible dans notre quotidien.

Prenons pour exemple les inondations. En 2017, quand les cours d'eau du Sud de l'Angleterre sont sortis de leur lit, c'était aussi lié au changement climatique, qui a augmenté la probabilité des inondations, même si ce n'était qu'à petite échelle. Au lieu de se produire tous les cent ans, elles risquent désormais de survenir tous les 70 ans. Certes, cela reste un événement que l'on ne verra qu'une fois dans sa vie, et sans changement climatique, les inondations ne seraient pas fondamentalement différentes. Tandis que ces modifications progressives ont peu d'effet sur le quotidien de tout un chacun, du moins pas directement, ce n'est pas le cas pour les compagnies d'assurances. Si l'on peut établir avec assez de certitude que la probabilité d'une inondation augmente, de même que le niveau de l'eau, les assurances peuvent décider de classer une maison en zone à haut risque et lui faire ainsi perdre une grande partie de sa valeur. À cause du changement climatique, plusieurs maisons de la vallée de la Tamise sont maintenant classées en zone inondable. Indiscutablement, il y en peu, mais si c'était la vôtre, vous seriez inquiet[9].

Autre exemple : les vagues de chaleur. Dans le Bassin méditerranéen, le changement climatique a multiplié le risque de canicule par cent. C'est-à-dire que la probabilité a augmenté de 9 900 % ! Voilà qui n'est pas sans graves conséquences sur la vie des gens, surtout sur les personnes âgées, déjà affaiblies et plus sensibles au stress thermique.

Quand en plus la sécheresse vient s'ajouter à la canicule (comme celle de 2018, dans laquelle le changement climatique prit une large part), on peut compter sur de lourdes répercussions pour les populations, comme des feux de forêt ou des récoltes perdues. Dans ces circonstances, il est très précieux de savoir dans quelle proportion la probabilité de l'événement a augmenté. Car par un été de cette nature, le gouvernement pourrait secourir les agriculteur·rice·s par des subventions de plusieurs millions... Mais il ne pourrait pas non plus se le permettre chaque année. Et en cas de doute, il devrait envisager d'autres dispositifs pour soutenir les populations affectées, des assurances météo par exemple.

Les études d'attribution sont décisives parce que, couramment, nous prenons conscience de notre propre vulnérabilité trop tard, quand les tempêtes, les sécheresses ou les inondations nous accablent. Ou lorsque nous échappons de justesse à une catastrophe, telle la situation dans laquelle la pluie s'interrompt juste avant que la digue ne cède. Dans ces cas précis, les études d'attribution sont d'un soutien irremplaçable pour déterminer si nous pouvons continuer à ignorer ces événements jusque-là hypothétiques, ou bien si leur probabilité a été majorée (ne serait-ce que de manière infime) et s'il ne faudrait pas envisager l'élaboration d'un plan d'urgence.

Les inondations : simple nuisance ou véritable menace ?

Pour conclure, je voudrais montrer, à partir de l'exemple du football, une passion commune à bien des Britanniques et des Allemand·e·s, que le changement climatique peut faire irruption dans notre quotidien de façon inattendue. Les différents clubs de foot sont liés à des stades particuliers, dont certains sont situés à proximité de fleuves, de rivières ou autres étendues d'eau. Si le risque d'inondation augmente, même légèrement, tout un championnat peut s'en trouver impacté, en particulier durant l'hiver, qui est la pleine saison du foot outre-Manche. Les clubs de *Premier League*, qui disposent de financements substantiels et de grands stades abrités de la pluie, n'en seront pas forcément les plus affectés, à l'inverse des équipes plus modestes, qui certes bénéficient de moins d'attention, mais regroupent cependant le plus grand nombre de pratiquant·e·s de ce sport[10].

Pendant près de cinquante jours durant la saison 2015/2016, le stade de troisième division de Carlisle United a dû rester fermé à la suite de la terrible inondation provoquée par la tempête Desmond. Pour mémoire, Desmond fut l'un des premiers phénomènes météo extrêmes que nous avons pu attribuer au changement climatique[11]. Cinquante jours sans stade, au beau milieu de la saison… Pour Carlisle, ce fut un énorme problème, particulièrement au plan financier. Même si seulement quelques jours d'inondation étaient à mettre au compte du changement climatique, ils étaient assurément de trop. Plus les clubs sont petits, plus ils dépendent financièrement des recettes encaissées lors des matchs à domicile, et plus ils risquent d'éprouver les effets de ces bouleversements de la météo. Ce qui pour certain·e·s n'est qu'une « ennuyeuse inondation » (en anglais *nuisance flooding*), pour d'autres tel un petit club de village, cela peut tout changer.

Pour comprendre si – et comment – le changement climatique augmente la probabilité des événements extrêmes, nul besoin d'avoir étudié la physique ! Il est vrai que ce calcul est un peu complexe, mais ceux·celles pour qui il a son importance peuvent facilement le comprendre. Dans le fond, les journalistes, leur lectorat, les maires de communes, les scientifiques ou les membres des ONG ne devraient poser que quatre questions, s'il·elle·s veulent inclure le rôle du changement climatique dans leurs réflexions et pratiques quotidiennes ou leur planification :

À quel(s) événement(s) extrême(s) suis-je vulnérable ?

Dans quelle mesure cet événement est-il extrême ?

La probabilité de l'événement s'est-elle modifiée ? Si oui, dans quelles proportions ?

Quelle est la marge d'incertitude ?

La plupart d'entre nous ne se demandent sans doute jamais quel type de temps pourrait lui causer de réels dommages. Pour ma part, j'ai dû m'interroger sur le sujet exactement une fois dans ma vie… lorsque j'ai acheté une maison et que, pour l'assurer, j'ai dû indiquer quel était le risque d'inondation qu'elle encourait. Ma maison étant située sur une colline, je n'ai pas eu à réfléchir longtemps. Mais la majorité des gens ne pensent au désastre que lorsqu'il survient, quand ils ont de l'eau dans leur salle de séjour, que des arbres s'abattent sur leur voiture ou que les aînés de leur famille sont emmenés à l'hôpital pour déshydratation.

Plus les études d'attribution se développeront, plus nous prendrons conscience, en lisant les journaux, que d'autres personnes sont obligées de se poser ces quatre questions et d'y répondre. En réalisant à quel point les extrêmes sont devenus la *nouvelle norme* pour certain·e·s, les gens commenceront peut-être à réfléchir à ce que pourrait être pour eux-mêmes un événement extrême.

Jour 52

Mi-octobre 2017, à Houston et dans les environs, les habitant·e·s sont encore occupé·e·s à déblayer les ruines de leurs maisons et à remettre en état celles qui ont résisté, quand un nouvel ouragan se forme au-dessus de l'Atlantique. À une période aussi tardive de l'année, c'est inhabituel, mais Ophelia ne fait que couronner une saison cyclonique absolument démentielle. Pas moins de dix ouragans ont reçu un nom dans l'Atlantique, ce qui n'était pas arrivé depuis 1893.

L'ouragan Ophelia s'est formé à 300 km au sud-est des Açores. Mais cette fois, et c'est encore plus atypique, il ne s'oriente pas vers l'ouest, vers l'Amérique. Non, il se dirige vers le nord. Il passe sur les Açores, où il couche quelques arbres et crée un raz-de-marée, puis sur le Portugal, où ses vents violents attisent les feux de forêt comme un soufflet de forge géant[12]. Puis il s'en va sur l'Irlande, où ses vents à 190 km/h arrachent les toits des maisons. Depuis l'ère des satellites, aucun ouragan de catégorie 3 ne se sera aventuré aussi loin à l'est. La température anormalement chaude de l'océan n'y est pas pour rien[13].

Le 16 octobre 2017, la tourmente balaie l'Écosse et ses longs bras atteignent le Sud de l'Angleterre. Entre-temps, Ophelia n'est plus un ouragan, mais souffle des vents encore assez violents pour faire voler les tuiles des toitures, jeter à terre des poteaux électriques et déraciner des arbres.

La tempête porte en elle l'histoire de son voyage et fait tournoyer un monstrueux nuage constitué de particules des incendies de forêt au Portugal et du sable du Sahara, qu'elle a aspirés après sa formation à l'ouest de l'Afrique. La poussière diffuse la lumière du rayonnement solaire, mais ne la dévie pas comme à l'accoutumée de façon à laisser paraître la lumière bleue, si bien que ce 16 octobre au matin, le ciel revêt une couleur étrange dans de vastes régions de l'Angleterre. Je peux observer ce reliquat de l'ouragan depuis la fenêtre de mon bureau : le ciel est nimbé de tonalités ocre… Apocalyptique !

À ce moment-là, j'ai regretté que nous ne soyons pas encore en mesure d'attribuer les ouragans au changement climatique, et ce, en raison de leur complexité physique et parce que nos modèles climatiques s'y cassent encore les dents. Pour l'instant, nous ne sommes capables d'étudier que les phénomènes périphériques, ainsi que nous l'avons fait pour l'attribution des précipitations extrêmes sur Houston. Toutefois, nous persévérons à travailler d'arrache-pied pour enfin découvrir la contribution humaine à la puissance des cyclones. Nous voulons savoir si Harvey[14], Irma, Ophelia et tous leurs semblables sont les hérauts d'une nouvelle ère. Car nous ne voulons pas nous contenter de répondre à la question de savoir ce qu'est la *nouvelle norme*, nous devons déjà nous poser la suivante : « Que sera le *nouvel extrême* ? »

Épilogue

Il nous appartient de veiller à la météo que nous aurons à subir dans le futur, mais aussi de prendre en considération toutes les personnes qui, dans notre monde globalisé, ne pourront pas se protéger de la fureur d'une météo déréglée. Avec chaque molécule de CO_2 qui s'échappe des centrales à charbon, du pot d'échappement des voitures ou des cheminées des porte-conteneurs, nous influons sur les sécheresses, les inondations et les ouragans. Et par les bulletins de vote que nous glissons dans les urnes, par le choix de nos fournisseurs d'électricité, de nos moyens de transport ou du menu de notre prochaine fête de famille, nous décidons du degré de violence des forces de la nature.

L'attribution d'événements extrêmes ne nous informe pas seulement sur la météo du passé ; elle nous permet également de prévoir celle qui nous attend à l'avenir et sera la conséquence de nos actes. Les méthodes de cette nouvelle discipline permettent de simuler le temps qu'il fera selon que la température mondiale s'élèvera de 1,5 °C, voire 2 ou même 3.

Par exemple, la vague de chaleur Lucifer, qui infligea au Bassin méditerranéen un incendie géant à l'été 2017, serait restée un événement isolé si le changement climatique n'avait pas lieu. Désormais, il faut s'attendre à des canicules d'ampleur comparable presque tous les huit ans. Si la planète se réchauffe encore de 0,5 °C, c'est-à-dire de 1,5 °C en tout, ce sera tous les quatre ans. Avec 2 °C d'augmentation, nous connaîtrons ces températures extrêmes pratiquement un été sur deux – selon les prévisions les moins alarmistes de nos modèles de simulation. À 3 °C supplémentaires, la plupart des étés seront encore plus chauds, et une année semblable à 2017 nous semblera singulièrement fraîche.

Un scénario à 3 °C n'est-il pas un tantinet exagéré ? La communauté internationale ne s'est-elle pas engagée, dans le cadre de l'accord de Paris, à limiter le réchauffement mondial à 2 °C, voire à 1,5 si possible ? Non. En l'état actuel des choses, cette perspective n'a rien d'irréaliste. C'est au contraire le chemin que nous sommes en train d'emprunter. Selon la plus grande vraisemblance, les étés tels que ceux que nous avons connus en 2017 dans le Bassin méditerranéen, et en 2018 en Europe du Nord, seront exceptionnels dans le monde qu'habiteront nos enfants et petits-enfants… en l'occurrence, exceptionnellement *frais*.

Nous sommes tout juste au seuil de cette nouvelle ère de météo extrême. La bonne nouvelle, c'est que nous pouvons encore agir. Nous pouvons au moins éviter de franchir le cap des 3 °C qui donnerait à de vastes zones de la planète un tout nouveau visage. Et pas des plus attrayants !

Si encore il n'était question que de nous autres Européen·ne·s et de notre génération, nous pourrions dire que nous récoltons la météo que nous avons semée. Malheureusement, les choses ne sont pas si simples. Car tandis que nous supportons plutôt bien ces nouvelles conditions, et que nombre d'entre nous apprécient les étés chauds plus qu'il·elle·s n'en souffrent, nos enfants et petits-enfants devront payer notre inconscience au prix fort. Inconscience est bien le mot qui convient. Car trente ans après la fondation du GIEC, la tendance ne semble toujours pas près de s'inverser : jamais le monde n'avait émis autant de gaz à effets de serre qu'en 2018[1].

La majorité des habitant·e·s de la planète écope donc d'une météo qu'il·elle·s n'ont pas méritée. Ce sont pour la plupart des populations qui n'ont pas ou peu profité du confort rendu possible par les énergies fossiles. Par exemple, les Thaïlandais·es devront dorénavant s'attendre à des pluies extrêmes beaucoup plus fréquentes, comparables à celles qui ont submergé une grande partie du pays en 2010, tuant plus de 250 personnes. À l'instant d'écrire ces lignes, le changement climatique a déjà doublé la probabilité de ces pluies diluviennes et dans un monde à 2 °C d'augmentation, il faudra s'y attendre tous les deux ans[2].

Dans le Nord-Est de l'Inde, en revanche, la probabilité de canicules telles que celle de 2015 est restée stable. Mais dans un monde à 1,5 °C d'augmentation, cette probabilité doublerait, et à 2 °C, elle décuplerait, transformant l'exception en norme.

Bien sûr, le changement climatique n'empire pas tout partout. Ici et là, on note quelques lueurs d'espoir. Le Pérou, notamment, devrait être moins souvent en proie à des vagues de froid telles que celle qui a coûté la vie à 500 personnes en 2015. Cependant, la cordillère des Andes est aujourd'hui confrontée à d'autres problèmes, car la fonte des glaciers menace plus d'un petit village comme celui de Saúl Luciano Lliuya, ce paysan que j'ai précédemment évoqué et qui a assigné en justice le conglomérat allemand RWE.

Le cas Lliuya *vs* RWE AG nous montre que même un paysan péruvien peut agir face à l'injustice climatique, que l'attribution d'événements extrêmes sort de l'abstraction des modèles de simulation pour la ramener dans le monde réel.

Et cela pourrait impulser le changement du système énergétique mondial, si l'on en croit Elinor Ostrom, seule femme à avoir reçu le prix Nobel d'économie. Cette professeure américaine en sciences politiques, décédée en 2012, pensait que de telles transformations peuvent effectivement avoir lieu si des groupes relativement éloignés du pouvoir prennent conscience de leur puissance d'action et la mettent en œuvre au travers de mouvements sociaux, de grèves, marches de protestation... mais aussi par leurs bulletins de vote ou, précisément, leurs recours en justice. Tout un chacun peut donc contribuer au fait que notre monde se réchauffe de 2, de 3 ou bien 4 °C. C'est une chance autant qu'une responsabilité.

Bien entendu, c'est encore plus vrai pour les Européen·ne·s, puisque la majorité d'entre nous n'a pas à se demander chaque jour comment assurer sa survie, contrairement à beaucoup d'habitant·e·s sur le reste du globe. Nous avons donc la liberté d'agir. Que je lise les articles de presse à propos du changement climatique ou que j'aborde le sujet avec des gens de ma connaissance, le ton oscille entre la panique d'un côté (*le monde va s'écrouler, nous ne sommes pas au bout de nos peines, ce sera encore pire que nous le pensions*) et une totale apathie de l'autre (*on n'impliquera jamais les grands groupes, c'est chacun pour soi, « ils » – c'est-à-dire les politiciens – ne font que parler*). Ces sentiments et réactions sont tout ce qu'il y a de plus humain. Tant que nous n'avons pas en main des chiffres précis, les contours des responsabilités sont flous, tout est pareillement grave ou pareillement indifférent. Que je prenne l'avion ou l'Eurostar pour aller de Londres à Paris, ou que les exceptions deviennent la règle... qu'est-ce que cela change, au fond ? Qui pourra bien me dire si mon action d'aujourd'hui aura des conséquences sur l'avenir, et si oui, dans quelle mesure ?

La science n'est pas un rempart suffisant contre la peur et l'ignorance. L'attribution d'événements extrêmes à elle seule ne sauvera pas le monde. Mais elle constitue un moyen efficace de proposer des repères et déterminer si le changement climatique a fondamentalement modifié tel ou tel événement, s'il était vraiment coupable ou si on l'a accusé à tort.

Le bouclier des chiffres nous protège et nous soutient chaque fois que des groupes d'intérêt font circuler leurs *fake news*, que des politicien·ne·s tentent de minimiser les conséquences de la pollution, ou que des militant·e·s pour la protection du climat agitent le spectre de la fin du monde. Aidé·e·s de chiffres étayés, nous pouvons désigner les coupables et désamorcer les tentatives d'édulcorer, voire de nier, des vérités rarement agréables à entendre. De plus, les chiffres nous fournissent des outils pour nous prémunir plus efficacement contre les conséquences des événements météorologiques extrêmes.

L'attribution d'événements extrêmes n'en est qu'à ses débuts, nous ignorons encore l'étendue de son potentiel. Mais les fondations sont jetées. Ce livre aura rempli son objectif s'il contribue à opérer parmi ses lecteur·rice·s une prise de conscience des effets déjà perceptibles du changement climatique et de ses manifestations dans la météo. Ces effets ne sont ni une vue de l'esprit ni l'annonce d'un cataclysme contre lequel nous sommes impuissant·e·s.

Remerciements

Faire partie de la communauté internationale des climatologues est pour moi une joie et un honneur, car j'ai eu la chance, au cours des dernières années, de travailler à des projets tous plus passionnants les uns que les autres, en collaboration avec une multitude de personnes différentes. J'ai appris quelque chose auprès de chacune d'elles, mais jamais autant qu'avec Geert Jan Van Oldenborgh. Je l'en remercie de tout cœur. Sans lui, le projet de la *World Weather Attribution* n'existerait pas, et ma carrière aurait sans doute suivi un autre cours.

Pour leur distance critique, leurs encouragements, leur soutien et leurs idées, je voudrais remercier tout particulièrement Sjoukje Philip, Sarah Kew, Myles Allen, Claudia Tebaldi, Heidi Cullen, Sebastian Sippel, Rachel James, Richard Jones, Sarah Sparrow, Roop Singh, Luke Harrington, Gabriele Hegerl, Robert Vautard, David Wallom et Jan Fuglestvedt, sans oublier tou·te·s les citoyen·ne·s chercheur·euse·s qui, depuis plus de dix ans, nous permettent de faire fonctionner nos modèles de simulation sous Climate*prediction*.net.

Écrire un livre représente un défi, mais cette tâche s'est révélée bien plus plaisante que je ne l'espérais grâce à mon coauteur, Benjamin von Brackel. Merci à lui pour avoir transcrit en prose tout ce « jus de cerveau », et pour toutes ses suggestions et bonnes idées qui ont permis de mettre du suspense dans ma science.

Je remercie Benjamin et Kristin Rotter d'avoir supporté mon « hystérie inclusive » ainsi que toutes les situations où nos personnalités radicalement différentes n'ont pas toujours été qu'une source d'enrichissement… Sans Kristin, je n'aurais jamais eu l'idée d'écrire un livre, et je lui suis très reconnaissante. Au final, travailler avec eux deux m'a apporté beaucoup de joie ! Un grand merci également à Dunja Reulein pour ses talents de rédactrice.

Sans Johannes et Alexander Otto, cet ouvrage n'existerait pas. Je remercie Johannes pour toutes les soirées qu'il a passées à lire mes textes, allongé près de moi, discret comme une souris, pendant que je rédigeais ou relisais. Merci à Alek d'avoir été mon premier lecteur, d'avoir exprimé son opinion sur tous les points où je le sollicitais, mais surtout de m'avoir toujours encouragée dans ma façon de formuler mes pensées, mes idées, dans ma façon d'être et d'encadrer mon équipe.

Un merci tout particulier à Peter Walton, Matt Brown et Karsten Haustein – pour beaucoup de choses, et plus spécialement pour m'avoir laissée être des leurs.

Notice éditoriale

La Fureur du temps n'est pas un traité sur l'émergence de la science de l'attribution au cours des quinze dernières années. C'est pourquoi je n'y cite pas de façon exhaustive tou·te·s les scientifiques ayant participé au développement de ce domaine de recherche ni toutes les publications les plus importantes de cette période. Je n'ai choisi les travaux de certain·e·s d'entre eux·elles que parce qu'ils illustraient un point que je souhaitais souligner. Si l'un·e de mes collègues avait écrit ce livre, il·elle aurait mis l'accent sur d'autres aspects, fait référence à d'autres études et d'autres personnes. La source de tous les faits évoqués ici est citée, mais l'interprétation de ces sources m'appartient et n'est pas la seule possible. L'histoire de l'ouragan Harvey repose en grande partie sur mes souvenirs, de sorte qu'elle ne recoupe pas toujours exactement le récit de mes collègues. De plus, le thème du changement climatique revêt une dimension politique, et aucun·e scientifique ne peut s'abstenir de laisser filtrer dans son travail les valeurs et les convictions qui l'animent. Tandis que les résultats et les chiffres eux-mêmes sont neutres, leur interprétation ainsi que le choix du moment et du lieu où l'on décide de les publier ne le sont pas. À l'instar de mes collègues, je m'efforce de rester aussi ouverte et objective que possible dans les études que je publie. Concernant ce livre, je n'ai pas été aussi stricte avec moi-même, si bien qu'il reflète ma vision du monde en tant que membre de ce que Theresa May a désigné péjorativement comme la *footloose elite*, caractérisée par un cosmopolitisme dont je me revendique fièrement. Enfin, je précise qu'à aucun moment, ni dans ce livre ni dans d'autres médias, je ne m'exprime au nom de l'équipe de la *World Weather Attribution*.

Notes et références bibliographiques

Introduction :
La nouvelle météo : il n'y a (vraiment) plus de saisons

1. Lascaris D., « Are Irma-like super storms the "new normal"? », *The Real News Network*, Sep. 7, 2017,
https://therealnews.com/stories/mmann0906report (consulté le 22.09.2018).
2. Blake E. S., Zelinsky D. A., « National Hurricane Center Tropical Cyclone Report : Hurricane Harvey (AL092017) 17 August-1 September 2017 », May 9, 2018,
https://www.nhc.noaa.gov/data/tcr/AL092017_Harvey.pdf (consulté le 22.09.2018).
3. Hauser C., « Hurricane Harvey strengthens and heads for Texas », *The New York Times*, Aug. 24, 2017,
https://www.nytimes.com/2017/08/24/us/harvey-storm-hurricane-texas.html (consulté le 22.09.2018).

Causes et effets :
comment nous avons modelé le temps qu'il fait

1. Schaller N., Kay A. L., Lamb R., Massey N. R., Van Oldenborgh G. J., *et al.*, « Human influence on climate in the 2014 Southern England winter floods and their impacts », *Nature Climate Change*, 2016, vol. 6 (6), p. 627-634.

2. Schaller N., Otto F. E. L., Van Oldenborgh G. J., Massey N. R., Sparrow S., *et al.*, « The heavy precipitation event of May-June 2013 in the upper Danube and Elbe basins », in : « Explaining extremes events of 2013 from a climate perspective », special supplement of the *Bulletin of the American Meteorological Society*, 2014, vol. 95 (9), p. 69-72.

3. Timbal B., Arblaster J. M., Power S., « Attribution of the late-twentieth-century rainfall decline in southwest Australia », *Journal of Climate*, 2006, vol. 19 (10), p. 2046-2062,
https://doi.org/10.1175/JCLI3817.1 (consulté le 22.09.2018).

4. Sippel S., Otto F. E. L., « Beyond climatological extremes – assessing how the odds of hydrometeorological extreme events in South-East Europe change in a warming climate », *Climatic Change*, 2014, vol. 125 (3-4), p. 381-398.

5. Gibbons B., « Harvey's intensity and rainfall potential tied to global warming », *San Antonio Express-News*, Aug. 25, 2017,
https://www.expressnews.com/news/local/article/Harvey-s-intensity-andrainfall-potential-tied-11957010.php (consulté le 22.09.2018).

6. Ellen, « Fox News' outnumbered ignores impact of climate change on Hurricane Harvey's epic intensity », *NewsHounds*, Aug. 25, 2017,
http://www.newshounds.us/fox_outnumbered_ignores_impact_of_climate_change_hurricane_harvey_intensity_082517 (consulté le 22.09.2018).

7. Van der Wiel K., Kapnick S. B., Van Oldenborgh G. J., Whan K., Philip S., *et al.*, « Rapid attribution of the August 2016 flood-inducing extreme precipitation in south Louisiana to climate change », *Hydrology and Earth System Sciences*, 2017, vol. 21 (2), p. 897-921,
https://doi.org/10.5194/hess-21-897-2017 (consulté le 22.09.2018).

Qui sème le doute : les climato-sceptiques

1. Supreme Court of the State of New York County of New York (2018) : People of the State of New York, by Barbara D. Underwood, Attorney General of the State of New York, Plaintiff, – against – ExxonMobil Corporation, Defendant,
https://ag.ny.gov/sites/default/files/summons_and_complaint_0.pdf (consulté le 29.10.2018).

2. Attorney General Barbara D. Underwood : A. G. Underwood Files Lawsuit Against ExxonMobil For Defrauding Investors Regarding Financial Risk The Company Faces From Climate Change Regulations, (press release Oct. 24, 2018),
https://ag.ny.gov/press-release/ag-underwood-files-lawsuit-against-exxonmobil-defrauding-investors-regarding-financial (consulté le 29.10.2018).

3. Schwartz J., « New York sues ExxonMobil, saying it deceived shareholders on Climate Change », *The New York Times*, Oct. 24, 2018,

https://www.nytimes.com/2018/10/24/climate/exxon-lawsuit-climate-change.html (consulté le 29.10.2018).

4. Supran G., Oreskes N., « Assessing ExxonMobil's climate change communications (1977-2014) », *Environmental Research Letters*, 2017, vol. 12 (8), https://iopscience.iop.org/article/10.1088/1748-9326/aa815f (consulté le 22.09.2018) ;

Union of Concerned Scientists : « Smoke, mirrors and hot air : How ExxonMobil uses big tobacco's tactics to manufacture uncertainty on climate science », 2007, https://www.ucsusa.org/sites/default/files/legacy/assets/documents/global_warming/exxon_report.pdf (consulté le 22.09.2018).

5. Climatefiles : Presentation by Callegari A., « 1982 Exxon presentation on 'CO$_2$ greenhouse effect' and Exxon climate modeling », http://www.climatefiles.com/exxonmobil/august-24-1982-exxon-presentation-on-co2-greenhouse-effect-and-exxon-climate-modeling/ (consulté le 22.09.2018).

6. Supran G., Oreskes N., art. cité.

7. Jacques P. J., Dunlap R. E., Freeman M., « The organisation of denial : Conservative think tanks and environmental scepticism », *Environmental Politics*, 2008, 17 (3), p. 349-385, https://www.tandfonline.com/doi/pdf/10.1080/09644010802055576 (consulté le 22.09.2018).

8. Competitive Enterprise Institute : « Global Warming – Energy », https://www.youtube.com/watch?v=7sGKvDNdJNA (consulté le 22.09.2018).

9. Littlemore R., « Heartland insider exposes institute's budget and strategy », *DeSmog*, Feb. 14, 2012, https://www.desmogblog.com/heartland-insider-exposes-institute-s-budget-and-strategy (consulté le 22.09.2018).

10. Oreskes N., Conway E. M., *Merchants of Doubt : How a Handful of Scientists Obscured the Truth on Issues from Tobacco Smoke to Global Warming*, Bloomsbury Press, London (UK), 2010.

11. Brulle R. J., « Institutionalizing delay : Foundation funding and the creation of U.S. climate change counter-movement organizations », *Climatic Change*, 2014, vol. 122 (4), p. 681-694, https://link.springer.com/article/10.1007/s10584-013-1018-7 (consulté le 22.09.2018).

12. Jacques P. J., Dunlap R. E., Freeman M., art. cité.

13. Lewandowsky S., Oberauer K., « Motivated rejection of science », *Current Directions in Psychological Science*, 2016, vol. 25 (4), p. 217-222, https://journals.sagepub.com/doi/abs/10.1177/0963721416654436 (consulté le 22.09.2018).

14. Jacques P. J., Dunlap R. E., Freeman M., art. cité.

15. Media Research Center : « Has CNN warped meteorologist Chad Myer's view on climate change ? »,

https://www.mrc.org/articles/has-cnn-warped-meteorologist-chad-myers-view-climate-change (consulté le 22.09.2018).

16. Sweney M., « BBC Radio 4 broke accuracy rules in Nigel Lawson climate change interview », *The Guardian*, Apr. 9, 2018, https://www.theguardian.com/environment/2018/apr/09/bbc-radio-4-broke-impartiality-rules-in-nigel-lawson-climate-change-interview (consulté le 22.09.2018).

17. Vidal J., « Revealed : How oil giant influenced Bush », *The Guardian*, June 8, 2005, https://www.theguardian.com/news/2005/jun/08/usnews.climatechange (consulté le 22.09.2018).

18. Krugman P., « Enemy of the planet », *The New York Times*, Apr. 17, 2006, https://www.nytimes.com/2006/04/17/opinion/enemy-of-the-planet.html (consulté le 22.09.2018).

19. International Energy Agency : « World Energy Outlook 2012 », http://www.iea.org/publications/freepublications/publication/English.pdf (consulté le 22.09.2018).

20. United Nations, Framework Convention on Climate Change : « Adoption of the Paris Agreement », Dec. 12, 2015, https://unfccc.int/resource/docs/2015/cop21/eng/l09.pdf (consulté le 22. 09.2018).

21. « Rechter Unions-Flügel folgt Trump », *Klimaretter.info*, 04.06.2017, http://www.klimaretter.info/politik/nachricht/23221-rechterunions-fluegel-folgt-trumps-klimakurs (consulté le 22.09.2018).

22. Fischedick M., Görner K., Thomeczek M., CO_2 : *Abtrennung, Speicherung, Nutzung : Ganzheitliche Bewertung im Bereich von Energiewirtschaft und Industrie*, Springer, Berlin-Heidelberg, 2015, p. 823.

23. Global Carbon Project : « Global Carbon Budget », https://www.globalcarbonproject.org/carbonbudget/ (consulté le 22.09.2018).

24. Samenow J., « 60 inches of rain fell from Hurricane Harvey in Texas, shattering U.S. storm record », *The Washington Post*, Sep. 22, 2017, https://www.washingtonpost.com/news/capital-weather-gang/wp/2017/08/29/harvey-marks-the-most-extreme-rain-event-in-u-shistory/?noredirect=on&utm_term=.e9d30e83edfe (consulté le 22.09.2018).

25. Chappell B., « National Weather Service adds new colors so it can map Harvey's rains », National Public Radio, Aug. 28, 2017, https://www.npr.org/sections/thetwo-way/2017/08/28/546776542/national-weather-service-adds-new-colors-so-it-can-map-harveysrains (consulté le 22.09.2018).

26. Malcher I., « Schwarze Fontäne », *brand eins*, März 2016, https://www.brandeins.de/magazine/brand-eins-wirtschaftsmagazin/2016/das-neue-verkaufen/schwarze-fontaene (consulté le 22.09.2018).

27. ExxonMobil : « ExxonMobil allocates $500,000 for gulf coast community hurricane relief efforts » (press release Aug. 25, 2017), https://news.exxonmobil.com/press-release/exxonmobil-allocates-500000-gulf-coast-community-hurricane-relief-efforts (consulté le 22.09.2018).

28. Dessler A., « These guys wouldn't know science if it bit them in the ass », Aug. 25, 2017, https://twitter.com/AndrewDessler/status/901196840804253696 (consulté le 22.09.2018).

29. Kalhoefer K., « So far, ABC and NBC are failing to note the link between Harvey and climate change », Media Matters for America, Aug. 31, 2017, https://www.mediamatters.org/blog/2017/08/31/So-far-majorbroadcast-networks-are-failing-to-note-the-link-between-Harveyand-climate-ch/217816 (consulté le 22.09.2018).

30. Mann M. E., « It's a fact : climate change made Hurricane Harvey more deadly », *The Guardian*, Aug. 28, 2017, https://www.theguardian.com/commentisfree/2017/aug/28/climate-change-hurricane-harvey-more-deadly (consulté le 22.09.2018).

31. Rice D., « Harvey to be costliest natural disaster in U.S. history, estimated cost of $190 billion », *USA Today*, Aug. 31, 2017, https://www.usatoday.com/story/weather/2017/08/30/harvey-costliestnatural-disaster-u-s-history-estimated-cost-160-billion/615708001/ (consulté le 22.09.2018).

Révolution en climatologie : remettre les choses à l'endroit

1. Keim B., « Russian heat wave statistically linked to climate change », *Wired*, Oct. 24, 2011, https://www.wired.com/2011/10/russian-heat-climate-change/ (consulté le 13.10.2018).

2. En effet, tou·te·s nos collègues scientifiques n'ont pas partagé notre enthousiasme. Puisque cette fois nous avions décrit toutes les étapes du processus de travail, tous les modèles et tous les résultats intermédiaires, nous avons envoyé notre article à une revue spécialisée, non seulement parce que ce travail de présentation était déjà fait, mais aussi et surtout parce que nous voulions soumettre nos résultats et nos méthodes à la relecture par les pairs. La revue a choisi sept scientifiques pour vérifier l'étude, ce qui est tout à fait inhabituel. En règle générale, deux avis extérieurs suffisent, et quand ces deux supervisions sont très différentes ou contradictoires, on fait appel à une troisième personne. Aucun·e de nos collègues n'avait jamais entendu parler d'une vérification par autant de scientifiques. Quand nous en avons demandé la raison à l'éditrice, elle nous a expliqué qu'il est souvent difficile de trouver suffisamment de superviseur·euse·s, et qu'elle approche donc trois fois plus de scientifiques que nécessaire pour chaque étude, comptant que les deux tiers refuseront. Plus tard, elle est revenue vers nous pour dire qu'elle avait largement sous-estimé le caractère explosif de notre article.

Tandis que certain·e·s émettaient des évaluations très positives et que d'autres formulaient des critiques justifiées, deux des superviseur·euse·s retoquèrent l'article, au motif que l'analyse avait été effectuée trop rapidement. L'article ne fut pas publié. Un an plus tard, nous avons réitéré toutes nos analyses, nous appuyant sur de nouvelles données d'observation et simulations. Le résultat se révéla identique. Cette fois, les superviseur·euse·s se déclarèrent satisfait·e·s, et notre étude fut publiée en 2017. Il nous est arrivé à trois reprises de réaliser deux fois la même étude : la première rapidement, la seconde dans un délai plus long et sur la base de nouvelles données. Les conclusions étaient toujours identiques.

Nous nous retrouvions cependant face à un dilemme : nous étions capables de quantifier le rôle du changement climatique dans des événements météo extrêmes, nos résultats étaient repris dans la presse internationale (avec une exhaustivité et une précision surprenantes)… et pourtant, nous n'avions pas encore réussi à convaincre les climatologues « classiques » que notre travail était scientifiquement correct. Il nous a donc fallu ralentir pour adopter le rythme de la science traditionnelle, avant de développer nos méthodes.

Toutefois, notre approche inédite gagna rapidement son autonomie, et plus rien ne pouvait l'arrêter. Des études d'attribution ont été publiées aux États-Unis et au Japon, très peu de temps après des événements météo extrêmes. Cependant, c'est un censeur inattendu qui nous a enfin décerné le « certificat » de la fiabilité.

3. Otto F. E. L., Van der Wiel K., Van Oldenborgh G. J., Philip S., Kew S. F., *et al.,* « Climate change increases the probability of heavy rains in Northern England/ Southern Scotland like those of storm Desmond – a real-time event attribution revisited », *Environmental Research Letters*, 2018, vol. 13 (2), 024006, https://doi.org/10.1088/1748-9326/aa9663

4. Fountain H., « Looking quickly for the fingerprints of climate change », *The New York Times*, Aug. 1, 2016, https://www.nytimes.com/2016/08/02/science/looking-quickly-for-the-fingerprints-of-climate-change.html (consulté le 13.10.2018).

5. À ce jour, l'un de nos contradicteurs les plus virulents est Kevin Trenberth, un climatologue renommé de Boulder, au Colorado. Selon lui, dans la mesure où les modèles climatiques ne sont pas toujours capables de simuler l'effet dynamique, c'est-à-dire la modification de la circulation de l'air, nous sous-estimons les incidences du changement climatique.

6. Lusk G., « The social utility of event attribution : Liability, adaptation, and justice-based loss and damage », *Climatic Change*, 2017, vol. 143 (1), p. 201-212.

7. Davidson Sorkin A., « What has Hurricane Harvey taught Donald Trump in Texas ? », *The New Yorker*, Aug. 29, 2017, https://www.newyorker.com/news/daily-comment/what-did-donald-trump-learn-in-texas (consulté le 13.10.2018).

8. Boburg S., Reinhard B., « Houston's 'Wild West' growth », *The Washington Post*, Aug. 29, 2017,

https://www.washingtonpost.com/graphics/2017/investigations/harvey-urban-planning/ (consulté le 13.10.2018).

9. American Red Cross : « Hurricane Harvey – Red Cross on the scene », Aug. 30, 2017, https://www.redcross.org/about-us/news-and-events/news/Hurricane-Harvey-Red-Cross-on-the-Scene.html (consulté le 06.11.2018).

Le facteur humain : calculer l'influence du changement climatique sur la météo

1. https://www.oldweather.org (consulté le 06.11.2018).

2. School of Geography and Environment, University of Oxford : « About the Radcliffe meteorological station's record », https://www.geog.ox.ac.uk/research/climate/rms/about.html (consulté le 06.11.2018).

3. Schaller N., Kay A. L., Lamb R., Massey N. R., Van Oldenborgh G. J., *et al.*, art. cité.

4. Carbon Brief : « Q & A : How do climate models work ? », Jan. 1, 2018, https://www.carbonbrief.org/qa-how-do-climate-models-work (consulté le 13.10.2018).

5. Pour l'instant, cette équation n'a pas de solution analytique universelle. On ne sait même pas s'il existe une seule solution univoque. C'est l'une des grandes questions sans réponse des mathématiques. Cela dit, simuler le temps à l'aide de cette équation ne nécessite pas une solution valable universellement pour la moindre petite molécule. Ce que nous cherchons est une solution suffisamment développée pour décrire le déplacement de l'air de façon assez précise, sans que cela n'exige des calculs (et donc des coûts) trop importants si nous voulons analyser l'ensemble de l'atmosphère terrestre. Un équilibre difficile à atteindre... Tous les centres de recherche climatologique au monde expérimentent différentes solutions dans leurs modèles.

6. Box G. E. P., « Science and statistics », *Journal of the American Statistical Association*, 1976, vol. 71 (356), p. 791-799.

7. https://www.climateprediction.net (consulté le 06.11.2018).

Canicules, pluies diluviennes et Cie :
ce que la météo doit
au changement climatique

1. Gunkel C., « Die vergessene Jahrhundertkatastrophe », *Spiegel Online*, 31.07.2013, https://www.spiegel.de/einestages/jahrhundertsommer-2003-eine-der-groessten-naturkatastrophen-europas-a-951214.html (consulté le 13.10.2018).

2. E.U. Community Action Programme for Public Health : Robine J. M., Cheung S. L., Le Roy S., Van Oyen H., Herrmann F. R., « Report on excess mortality in Europe during summer 2003 », 2007, http://ec.europa.eu/health/ph_projects/2005/action1/docs/action1_2005_a2_15_en.pdf (consulté le 06.11.2018).

3. On parle de vague de chaleur et non de canicule, car l'événement était défini sur la base des températures moyennes de chaque journée (24 heures) du mois de juin, en l'occurrence particulièrement extrêmes.

4. s. é : « Zahl der Hitzetoten steigt auf 1.800 », *Zeit Online*, 29.05.2015, https://www.zeit.de/gesellschaft/zeitgeschehen/2015-05/hitzewelle-indien-tote (consulté le 13.10.2018).

5. Peterson T. C., Stott P. A., Herring S., « Explaining extreme events of 2011 from a climate perspective », *Bulletin of the American Meteorological Society*, 2012, vol 93 (7), p. 1041-1067, https://journals.ametsoc.org/doi/full/10.1175/BAMS-D-12-00021.1

6. Subramanian M., « In Georgia's peach orchards, warm winters raise specter of climate change », *Inside Climate News*, Aug. 31 2017, https://insideclimatenews.org/news/31082017/climate-change-georgia-peach-harvest-warm-weather-crop-risk-farmers (consulté le 13.10.2018).

7. Trump D., tweet, Dec. 28, 2017, https://twitter.com/realDonaldTrump/status/946531657229701120?ref_src=twsrc%5Etfw&ref_url=http%3A%2F%2Fwww.klimaretter.info%2Fpolitik%2Fnachricht%2F24101-trump-versteht-klimawandelnicht (consulté le 06.11.2018).

8. Van Oldenborgh G. J., Philip S., Kew S., Van Weele M., Uhe P., *et al.*, « Extreme heat in India and anthropogenic climate change », *Natural Hazards and Earth System Sciences*, 2018, vol. 18 (1), p. 365-381, https://www.nat-hazards-earth-syst-sci.net/18/365/2018/

9. Hermann B., « Fluch der Karibik », *Süddeutsche Zeitung*, 13.10.2017, https://www.sueddeutsche.de/panorama/naturkatastrophenfluch-der-karibik-1.3707936?reduced=true (consulté le 13.10.2018).

Défaut de planification :
quand on l'ignore,
le changement climatique se venge

1. Amadeo K., « Hurricane Harvey facts, damage and costs », The Balance, Oct. 21, 2018,
https://www.thebalance.com/hurricaneharvey-facts-damage-costs-4150087 (consulté le 19.09.2017).

2. Collier K., Satja N., « A year before Harvey, Houston-area flood control chief saw no 'looming issues' », *The Texas Tribune*, Sep. 7, 2018,
https://www.texastribune.org/2017/09/07/conversation-former-harris-county-flood-control-chief/ (consulté le 17.09.2018).

3. Coy P., Flavelle C., « Harvey wasn't just bad weather. It was bad city planning », *Bloomberg*, Aug. 31, 2017,
https://www.bloomberg.com/news/features/2017-08-31/a-hard-rain-and-a-hard-lesson-for-houston (consulté le 17.09.2018).

4. Wallace T., Watkins D., Park H., Singhvi A., Williams J., « How one Houston suburb ended up in a reservoir », *The New York Times*, March 22, 2018,
https://www.nytimes.com/interactive/2018/03/22/us/houston-harvey-flooding-reservoir.html (consulté le 04.10.2018).

5. Sims S., « The U.S. flooded one of Houston's richest neighborhoods to save everyone else », *Bloomberg Businessweek*, Nov. 16, 2017,
https://www.bloomberg.com/news/features/2017-11-16/the-u-s-flooded-one-of-houston-s-richest-neighborhoods-to-save-everyone-else (consulté le 04.10.2018).

6. Boburg S., Reinhard B., art. cité.

7. *Ibid.*

8. Wang S. S.-Y., Zhao L., Yoon J.-H., Klotzbach P., Gillies R. R., « Quantitative attribution of climate effects on Hurricane Harvey's extreme rainfall in Texas », *Environmental Research Letters*, 2018, vol. 13 (5), 054014.

9. s.é. : « Studies : Warming made Harvey's deluge 3 times more likely », *Breitbart*, Dec. 14, 2017,
https://www.breitbart.com/news/studies-warming-made-harveys-deluge-3-times-more-likely/ (consulté le 19.09.2018).

10. Achenbach J., « Global warming boosted Hurricane Harvey's rainfall by at least 15 percent, studies find », *The Washington Post*, Dec. 13, 2017,
https://www.washingtonpost.com/news/post-nation/wp/2017/12/13/global-warming-boosted-hurricane-harveys-rainfall-by-at-least-15-percent-studies-find/?noredirect=on&utm_term =.5ba9b25a3c3d (consulté le 19.09.2018).

11. Boburg S., Reinhard B., art. cité.

12. Durkin E., « North Carolina didn't like science on sea levels… so passed a law against it », *The Guardian*, Sep. 12, 2018,

https://www.theguardian.com/us-news/2018/sep/12/north-carolina-didnt-like-science-on-sea-levels-so-passed-a-law-against-it (consulté le 19.09.2018).

13. Pilkey O. H., « Sea-level rise is here. North Carolina needs to act. », *The News & Observer*, Sep. 7, 2018,
https://www.newsobserver.com/latest-news/article217954910.html (consulté le 19.09.2018).

14. Widmann E., « Sturm 'Florence' überschwemmt den Südosten der USA – mindestens 30 Tote », *Neue Zürcher Zeitung*, 18.09.2018,
https://www.nzz.ch/panorama/sturm-florence-ueberschwemmt-den-suedosten-der-usa-mindestens-17-tote-ld.1420597 (consulté le 17.10.2018).

15. Stott P. A., Stone D. A., Allen M. R., « Human contribution to the European heatwave of 2003 », *Nature*, 2004, vol 432 (7017), p. 610-614.

16. Anderson S. E., Bart R. R., Kennedy M. C., MacDonald A. J., Moritz M. A., *et al.*, « The dangers of disaster-driven responses to climate change », *Nature Climate Change*, 2018, vol. 8, p. 648-659.

17. Si l'on exclut le Met Office, le service national britannique de météorologie. Il y a là-bas la capacité nécessaire à réaliser ces études de causalité, mais cet organisme britannique l'utilise uniquement pour la recherche fondamentale, non pour des analyses en temps réel.

18. Schiermeier Q., « Droughts, heatwaves and floods : How to tell when climate change is to blame », *Nature*, 2018, vol. 560, p. 20-22,
https://www.nature.com/articles/d41586-018-05849-9 (consulté le 06.11.2018).

19. King A. D., Harrington L. J., « The inequality of climate change from 1.5 to 2°C of global warming », *Geophysical Research Letters*, 2018, vol. 45 (10), p. 5030-5033,
https://doi.org/10.1029/2018GL078430.

Préférer les faits au fatalisme : connaître les causes des catastrophes permet de passer à l'action

1. The Global Programm on Risk Assessment and Management for Adaptation to Climate Change : « Climate change realities in Small Island Developing States », Deutsche Gesellschaft für Internationale Zusammenarbeit, 2017,
https://www.adaptationcommunity.net/wp-content/uploads/2017/05/Grenada-Study.pdf (consulté le 17.10.2018).

2. Ici : les pays industrialisés traditionnels.

3. Hallegatte S., Lecocq F., de Perthuis C., « Designing climate change adaptation policies : An economic framework », World Bank, policy research working paper, 2011, no WPS 5568,

https://openknowledge.worldbank.org/handle/10986/3335 (consulté le 17.10.2018) ; Hallegatte S., Vogt-Schilb A., Bangalore M., Rozenberg J., *Unbreakable : Building the Resilience of the Poor in the Face of Natural Disasters*, coll. « Climate Change and Development Series », World Bank, Washington DC, 2017, https://openknowledge.worldbank.org/handle/10986/25335 (consulté le 17.10.2018) ; Hallegatte S., Bangalore M., Bonzanigo L., Fay M., Kane T., *et al.*, *Shock Waves : Managing the Impacts of Climate Change on Poverty*, coll. « Climate Change and Development Series », World Bank, Washington DC, 2016, https://openknowledge.worldbank.org/handle/10986/22787 (consulté le 17.10.2018).

4. U.N. Sustainable Development Goals : « Climate Action », 2018, https://www.un.org/sustainabledevelopment/climate-action/ (consulté le 17.10.2018).

5. Carty T., « A climate in crisis : How climate change is making drought and humanitarian disaster worse in East Africa », Oxfam International, Apr. 27, 2017, https://www.oxfam.org/en/research/climate-crisis (consulté le 21.09.2018).

6. Adhikari U., Nejadhashemi P., Woznicki S. A., « Climate change and Eastern Africa : A review of impact on major crops », *Food and Energy Security*, 2015, vol. 4 (2), p. 110-132, https://onlinelibrary.wiley.com/doi/full/10.1002/fes3.61 (consulté le 17.10.2018).

7. Wanzala J., « Irrigation on rise in Africa as farmers face erratic weather », Reuters, Sep. 9, 2016, https://www.reuters.com/article/us-africa-irrigation-farming/irrigation-on-rise-in-africa-as-farmersface-erratic-weather-idUSKCN11F2DT (consulté le 17.10.2018).

8. Uhe P., Philip S., Kew S. F., Shah K., Kimutai J., *et al.*, « Attributing drivers of the 2016 Kenyan drought », *International Journal of Climatology*, 2018, vol. 38 (S1), p. e554-e568, https://rmets.onlinelibrary.wiley.com/doi/10.1002/joc.5389 (consulté le 06.11.2018) ; Philip S., Kew S. F., Van Oldenborgh G. J., Otto F., O'Keefe S., *et al.*, « Attribution analysis of the Ethiopian drought of 2015 », *American Meteorological Society, Journal of Climate*, 2018, vol. 31, p. 2465-2486.

9. Eriksen S., Marin A., « Sustainable adaptation under adverse development ? Lessons from Ethiopia » in : *Climate Change Adaptation and Development : Transforming Paradigms and Practices*, (Ed. Inderberg T. H., Eriksen S., O'Brien K., Sygna L.), p. 178-199, Routledge, Oxford, 2015.

10. Otto F., Van Aalst M., « Droughts in East Africa : Some headway in unpacking what's causing them », *The Conversation*, July 11, 2017, https://theconversation.com/droughts-in-east-africa-someheadway-in-unpacking-whats-causing-them-75476 (consulté le 17.10.2018).

11. Chemweno B., « Climate scientists warn of worse drought situation ahead », *Standard Digital*, March 23, 2017, https://www.standardmedia.co.ke/business/article/2001233757/climate-scientists-warnof-worse-drought-situation-ahead (consulté le 17.10.2018).

12. BNP Paribas : « Climate change : stimulating effective adaptation programs in Africa », Dec. 1, 2017,

https://group.bnpparibas/en/news/climate-change-stimulating-effective-adaptation-programs-africa (consulté le 17.10.2018).

13. Carty T., art. cité.

14. Klepp S. « Climate change and migration », *Climate Science*, 2017, http://climatescience.oxfordre.com/view/10.1093/acrefore/9780190228620.001.0001/acrefore-9780190228620-e-42 (consulté le 17.10.2018).

15. Les études font référence aux estimations globales à long terme, telles que celles contenues dans les rapports du GIEC ou le Stern Review – *The Economics of Climate Change* de 2007, où sont évalués le coût et les effets globaux du changement climatique.

16. Bedarff H., Jakobeit C., « Climate change, migration, and displacement, the underestimated disaster », Greenpeace Germany, 2017, https://www.greenpeace.de/sites/www.greenpeace.de/files/20170524-greenpeace-studie-climate-changemigration-displacement-engl.pdf (consulté le 17.10.2018).

17. Chari M., « No water, no work : Why drought migrants in Mumbai are reluctant to go home », *Scroll. in*, May 31, 2016, https://scroll.in/article/809010/no-water-no-work-why-drought-migrants-in-mumbaiare-reluctant-to-go-home (consulté le 21.09.2018).

Une question de justice : quand on connaît le coût du changement climatique, les pays industrialisés doivent payer

1. La définition des *loss and damage* ne fait pas l'unanimité. La plupart des articles scientifiques à ce sujet parlent de pertes et préjudices qui n'ont pas pu être évités par une diminution rapide des émissions de gaz à effet de serre de l'ensemble des pays du monde, ni par des mesures d'adaptation au changement climatique.

2. Huq est également professeur à Londres, à l'Institut international pour l'environnement et le développement (International Institute for Environment and Development, IIED).

3. Philip S., Sparrow S., Kew S. F., Van der Wiel K., Wanders N., *et al.*, « Attributing the 2017 Bangladesh floods from meteorological and hydrological perspectives », *Hydrology and Earth System Sciences*, discuss. paper 2018 (final pub. in 2019, vol. 23, p. 1409-1429), https://doi.org/10.5194/hess-2018-379

4. Cornwall W., « As sea level rise, Bangladeshi islanders must decide between keeping the water out – or letting it in », *Science Mag.*, March 1, 2018, https://www.sciencemag.org/news/2018/03/sea-levels-rise-bangladeshi-islanders-must-decide-between-keeping-water-out-or-letting (consulté le 26.09.2018).

5. Ward P. D., *Under a Green Sky : Global Warming, the Mass Extinctions of the Past, and What They Can Tell Us About Our Future*, Harper Perennial, New York (NY-USA), 2008.

6. Messenger S., « A new take on the world's carbon footprint (Graphic) », *Treehugger*, Feb. 2, 2011, https://www.treehugger.com/corporate-responsibility/a-new-take-on-the-worlds-carbon-footprint-graphic.html (consulté le 06.11.2018).

7. Selon un recensement de la revue *Nature*, l'influence du changement climatique a été observée dans environ 190 événements qui ont causé des dégâts réels ici et maintenant. Cf. Schiermeier Q., art. cité.

8. United Nations : Paris Agreement, 2015, https://unfccc.int/sites/default/files/english_paris_agreement.pdf (consulté le 22.11.2018).

9. Dans la déclaration finale de l'accord de Paris, il est stipulé au paragraphe 52 que les mesures de soutien dont il est question à l'article 8 ne correspondent ni à des indemnités ni à une responsabilité juridique.

10. United Nations, Framework Convention on Climate Change : « Approaches to address loss and damage associated with climate change impacts in developing countries that are particularly vulnerable to the adverse effects of climate change to enhance adaptive capacity », Nov. 15, 2012, https://unfccc.int/resource/docs/2012/sbi/eng/inf14.pdf (consulté le 06.11.2018).

11. James R., Otto F., Parker H., Boyd E., Cornforth R., *et al.*, « Characterizing *loss and damage* from climate change », *Nature Climate Change*, 2014, vol. 4 (11), p. 938-939.

12. Après que le secrétariat a insisté sur le fait qu'il n'existait pas de définition, nous avons tenté d'élucider, avec l'aide de la sociologue Emily Boyd, ce que mettaient derrière ce mot les différents acteurs des négociations de l'ONU. Nous voulions savoir si notre interprétation était vraiment particulière. Comme souvent en sciences, la réponse n'était pas aussi simple que nous l'aurions souhaité. Dans notre typologie de ce que les politiques, les scientifiques et autres spécialistes comprennent derrière l'expression *loss and damage*, nous avons trouvé des interprétations très différentes, mais qui ne s'excluent pas les unes les autres. La définition la plus proche de celle à l'origine élaborée par les petits États insulaires est la suivante : perte irrémédiable d'espace vital, de culture et d'autres biens immatériels, détruits par le changement climatique de source anthropique. À l'opposé, on peut trouver une signification de *loss and damage* largement liée aux conséquences du changement climatique sur lesquelles doivent se concentrer les mesures d'adaptation : modification du risque de certains événements climatiques ou des risques environnementaux indépendants du changement climatique (ou du moins, sans lien de causalité scientifiquement prouvé entre ces modifications et le changement climatique d'origine anthropique). Selon cette seconde interprétation, il est difficile de séparer l'argent destiné à la compensation des pertes et préjudices de l'argent destiné à l'adaptation au changement climatique, ou même de celui dédié à des mesures de développement

plus générales. Ces deux significations, et presque toutes les nuances entre elles, sont compatibles avec l'accord de Paris… à cela près qu'il ne doit justement pas y avoir de compensation. Par conséquent, la définition la plus voisine de l'idée originelle est celle qui s'accommode le moins du contenu du traité.

Boyd E., James R. A., Jones R. G., Young H. R., Otto F. E. L., « A typology of loss and damage perspectives », *Nature Climate Change*, 2017, vol. 7, p. 723-729, https://www.nature.com/articles/nclimate3389 (consulté le 05.11.2018).

13. Piper N., « Wie Ökonomen die Folgen des Klimawandels vorausdachten », *Süddeutsche Zeitung*, 08.10.2018, https://www.sueddeutsche.de/wirtschaft/nobelpreis-wie-oekonomen-die-folgendes-klimawandels-vorausdachten-1.4160929 (consulté le 30.10.2018).

14. Carbon Pricing Leadership Coalition : « More than eight-fold leap over four years in global companies pricing carbon into business plans », 2017, https://www.carbonpricingleadership.org/news/cdp-report-2017 (consulté le 28.09.2018).

15. Frame D., Rosier S., Carey-Smith T., Harrington L., Dean S., *et al.*, « Estimating financial costs of climate change in New Zealand, an estimate of climate change-related weather event costs », New Zealand Climate Research Institute and NIWA, Apr. 21, 2018, https://treasury.govt.nz/publications/commissioned-report/estimating-financial-costs-climate-change-nz (consulté le 06.11.2018).

16. Energy & Climate Intelligence Unit : « Heavy Weather », 2017, https://eciu.net/news-and-events/reports/2017/heavy-weather (consulté le 18.10.2018).

17. Les études d'attribution qui ont permis d'établir ces chiffres n'ont pas été menées dans ce but premier. Mais si l'on se donnait cet objectif dès le départ, les méthodes de calcul pourraient sans doute être encore améliorées.

18. Les dommages liés aux catastrophes naturelles, peu importe leurs causes, sont plutôt du ressort d'autres traités internationaux tels que le Cadre de Sendai pour la réduction des risques de catastrophe.

19. En 2015, les pays industrialisés ont donné naissance à l'initiative « InsuResilience Global Partnership » lors du sommet du G7 tenu au Schloss Elmau, en Haute-Bavière. Différentes instances se sont associées aux États représentés, notamment des banques de développement, des représentant·e·s de la société civile et des compagnies d'assurances, parmi lesquelles Allianz, Munich Re et Swiss Re. Le partenariat a été officiellement lancé en 2017, lors du sommet mondial pour le climat de Bonn. Son objectif est que d'ici 2020, 400 millions de personnes aient accès à des assurances contre les risques climatiques.

20. Précision importante : si l'opération est d'ores et déjà rentable dans de nombreux pays, c'est seulement parce que les États (l'Allemagne par exemple) ou des institutions telles que la Banque mondiale injectent des millions de dollars.

Débat sur la responsabilité globale :
les États et les grands groupes
sur le banc des accusés

1. s.é. : « Gericht fällt historisches Urteil. Kolumbien muss Rodungen im Amazonas-Regenwald stoppen », *Energiezukunft*, 12.04.2018, https://www.energiezukunft.eu/umweltschutz/kolumbien-muss-rodungen-im-amazonas-regenwald-stoppen/ (consulté le 06.11.2018).

2. República de Colombia, Corte Suprema de Justicia (2018) : STC4360-2018, Radicación n.° 11001-22-03-000-2018-00319-01, http://www.cortesuprema.gov.co/corte/index.php/2018/04/05/corte-suprema-ordena-proteccion-inmediata-de-la-amazonia-colombiana/ (consulté le 29.09.2018).

3. s.é. : « Weltweiter CO_2-Ausstoß steigt wieder », *Zeit Online*, 13.11.2017, https://www.zeit.de/wissen/umwelt/2017-11/co2-ausstoss-anstieg-klimawandel-fossile-brennstoffe-global-carbon-project (consulté le 03.10.2018).

4. En général, les plaintes d'enfants et d'adolescent·e·s aboutissent en collaboration avec des organisations de protection de l'environnement, qui fournissent leur savoir-faire en matière de procédures judiciaires, mais utilisent aussi les plaintes pour défendre leur cause (et ce sont souvent elles qui donnent les idées).

5. s.é. : « The Urgenda climate case against the Dutch government », *Urgenda*, Oct. 9, 2018, https://www.urgenda.nl/en/themas/climate-case/ (consulté le 06.11.2018).

6. Au mois d'août, le tribunal de King County avait d'abord rejeté l'une des premières plaintes de cette organisation de jeunes. Cependant, d'autres plaintes sont encore en cours d'instruction dans huit autres États ainsi qu'à l'échelle fédérale. Soutenu par l'organisation Our Children's Trust, le groupe a déjà obtenu au moins un succès : le gouvernement Trump avait tenté d'entraver la plainte en amont, mais une cour d'appel de San Francisco a rejeté la requête dans ce sens au printemps 2018 :
Brackel B. von, « Klimaklage abgewiesen », *Klimareporter°*, 16.08.2018, https://www.klimareporter.de/international/klimaklage-abgewiesen (consulté le 04.10.2018).

7. Farand C., « Nine-year-old girl files lawsuit against Indian government over failure to take ambitious climate action », *Independent*, Apr. 1, 2017, https://www.independent.co.uk/environment/nine-rid-hima-pandey-court-case-indian-government-climate-change-uttarakhand-a7661971.html (consulté le 04.10.2018).

8. En 2018, les plaintes ont été rejetées dans le cas de New York comme dans celui de San Francisco et d'Oakland, au motif qu'elles étaient du ressort du Congrès et non des tribunaux. Les États concernés veulent contester la validité des procès.
Kusnetz N., Hasemyer D., « Judge dismisses New York City climate lawsuit against 5 oil giants », *Inside Climate News*, July 19, 2018,

https://insideclimatenews.org/news/19072018/judge-dismisses-nyc-climate-change-lawsuit-oil-industry-global-warming-adaptation-costs (consulté le 03.10.2018) ;
Hasemyer D., « 2 city lawsuits against big oil dismissed, but that's not the end of it », *Inside Climate News*, June 26, 2018, https://insideclimatenews.org/news/26062018/california-cities-climate-change-lawsuits-dismissed-fossil-fuels-industry-rising-sea-levels (consulté le 03.10.2018) ;
En juillet 2018, lors d'un procès similaire, Baltimore a attaqué 26 entreprises exploitantes d'énergies fossiles. Les chances des plaignant·e·s d'être entendu·e·s sont meilleures ici, car leur cas ne sera pas traité par un tribunal fédéral mais par un tribunal d'État. Il·elle·s s'appuient sur une étude de Climate Central, une organisation indépendante réunissant scientifiques et journalistes, qui estime que les inondations liées à l'élévation du niveau de la mer ont déjà augmenté d'un cinquième, https://law.baltimorecity.gov/sites/default/files/Climate%20Change%20Complaint.pdf (consulté le 04.10.2018).

9. Meier F. von, « Klimaklage von EU-Gericht zugelassen », *Klimareporter°*, 13.08.2018, https://www.klimareporter.de/europaische-union/klimaklage-von-eu-gericht-zugelassen (consulté le 03.10.2018).

10. Aînées pour la protection du climat : https://klimaseniorinnen.ch (consulté le 03.10.2018).

11. Climate Change Litigation Databases : http://climatecasechart.com/about/ (consulté le 03.10.2018).

12. Grantham Research Institute on Climate Change and the Environment : « Climate change laws of the world », http://www.lse.ac.uk/GranthamInstitute/climate-change-laws-of-the-world/ (consulté le 06.11.2018).

13. Götze S., Brackel B. von, Joeres A., « Der Klimaschmutzplan », Correctiv, 11.09.2017, https://correctiv.org/recherchen/klima/artikel/2017/09/11/warum-die-bundesregierung-ihre-klimaziele-verfehlt/ (consulté le 30.09.2018).

14. Staude J., « Cañete gibt 45-Prozent-Ziel auf », *Klimareporter°*, 28.09.2018, https://www.klimareporter.de/europaische-union/canete-gibt-45-prozent-ziel-auf (consulté le 01.10.2018).

15. Bethge P., « Drei Bauernfamilien verklagen die Bundesregierung », *Spiegel Online*, 26.10.2018, https://www.spiegel.de/wissenschaft/natur/klima-klage-gegen-bundesregierung-a-1235300.html (consulté le 29.10.2018).

16. D'autres plaintes ont abouti, dont la plupart concernent des projets spécifiques – par exemple l'extension d'aéroports, la création de mines ou d'usines – que les juristes peuvent mettre en lien avec le changement climatique. En Autriche, la construction d'une nouvelle piste de décollage et d'atterrissage a été empêchée, parce qu'elle conduirait à l'augmentation du trafic aérien de l'aéroport de Vienne, ce qui aurait été en contradiction avec les objectifs nationaux de protection du climat.

17. Programme environnemental des Nations unies : « Klimawandel vor Gericht – ein globaler Überblick », 2017, https://wedocs.unep.org/bitstream/handle/20.500.11822/20767/The%20Status%20 of%20view%20-%20UN%20Environment%20-%20May%202017%20-%20DE. pdf?sequence=4&isAllowed=y (consulté le 06.11.2018).

18. Brackel B. von, « Dunkle Zeiten für US-Klimaschutz », *Klimareporter°*, 28.06.2018, https://www.klimareporter.de/international/dunkle-zeiten-fuer-us-klimaschutz (consulté le 30.09.2018).

19. United States District Court for the Northern District Of California Oakland Division (2009) : Native Village of Kivalina, and City of Kivalina, Plaintiffs, *vs.* Exxonmobil Corporation, *et al.*, Defendants, http://www.shopfloor.org/wp-content/uploads/kivalina-order-granting-motions-to-dismiss.pdf (consulté le 05.11.2018).

20. Barringer F., « Flooded village file suit, citing corporate link to climate change », *The New York Times*, Feb. 27, 2008, https://www.nytimes.com/2008/02/27/us/27alaska.html?_r=1&oref=slogin (consulté le 01.10.2018).

21. Coen A., « Hält dieser Mann den Klimawandel auf ? », *Zeit Online*, 07.06.2017, https://www.zeit.de/2017/24/rwe-klimawandel-klage-bauer-erderwaermung (consulté le 27.10.2018).

22. Nugent C., « Climate change could destroy this Peruvian farmer's home. Now he's suing a European energy company for damages », *Time*, Oct. 5, 2018, http://time.com/5415225/rwe-lliuya-climate-change/ (consulté le 27.10.2018).

23. C'est la fondation Zukunftsfähigkeit (« chances d'avenir »), adossée à l'organisation de protection du climat Germanwatch, qui a pris en charge les frais de justice et les honoraires d'avocat·e.

24. Müller B., « Peruanischer Bauer bringt RWE vor Gericht », *Süddeutsche Zeitung*, 30.11.2017, https://www.sueddeutsche.de/wirtschaft/klimawandel-peruanischer-bauer-bringt-rwe-vor-gericht-1.3772256 (consulté le 01.10.2018).

25. Starr D., « Just 90 companies are to blame for most climate change, this 'carbon accountant' says », *Science Mag.*, Aug. 25, 2016, https://www.sciencemag.org/news/2016/08/just-90-companies-are-blame-most-climate-change-carbon-accountant-says (consulté le 01.10.2018).

26. Ekwurzel B., Boneham J., Dalton M. W., Heede R., Mera R. J., *et al.*, « The rise in global atmospheric CO_2, surface temperature, and sea level from emissions traced to major carbon producers », *Climatic Change*, 2017, 144 (4), p. 579-590.

27. Sur une plainte du BUND (représentation allemande des Amis de la Terre), la cour d'appel administrative de Münster a prononcé en octobre la suspension de la déforestation. L'organisation environnementale avait argué du fait que cette

déforestation contrevenait au droit environnemental européen. On escompte que RWE ne pourra reprendre le déboisement qu'à partir de 2020.

Burger R., « BUND erringt im Streit um Hambacher Forst weiteren Zwischenerfolg », *Frankfurter Allgemeine*, 09.10.2018, https://www.faz.net/aktuell/politik/inland/bunderringt-bei-hambacher-forst-weiteren-zwischenerfolg-15829242.html (consulté le 10.10.2018).

28. Olszynski M., Mascher S., Doelle M., « From smokes to smokestacks : Lessons from tobacco for the future of climate change liability », *Georgetown Environmental Law Review*, 2017, https://papers.ssrn.com/sol3/papers.cfm?abstract_id=2957921 (consulté le 05.11.2018).

29. Marjanac S., Patton L., Thornton J., « Acts of God, human influence and litigation », *Nature Geoscience*, 2017, vol. 10, p. 616-619.

30. Marjanac S., Patton L., « Extreme weather event attribution science and climate change litigation : an essential step in the causal chain ? » SSRN – *Journal of Energy & Natural Resources Law*, 2018, vol. 36 (3), p. 265-298.

31. McCormick S., Simmens S. J., Glicksman R. L., Paddock L., Kim D., *et al.*, « Science in litigation, the third branch of U.S. climate policy », *Science*, 2017, vol. 357 (6355), p. 979-980.

32. Marjanac S., Patton L., art. cité.

33. Skeie R. B., Fuglestvedt J., Berntsen T., Peters G. P., Andrew R., *et al.*, « Perspective has a strong effect on the calculation of historical contributions to global warming », *Environmental Research Letters*, 2017, vol. 12 (2), 024022, https://iopscience.iop.org/article/10.1088/1748-9326/aa5b0a/meta

34. C'est-à-dire la somme de tous les gaz à effet de serre et autres émissions industrielles, y compris les particules fines qui, certes, sont très dangereuses pour la santé humaine lorsqu'elles sont inhalées, mais abaissent la température de l'atmosphère.

35. Kasprak A., « Did a 1912 newspaper article predict global warming ? », *Snopes*, Oct. 18, 2018, https://www.snopes.com/fact-check/1912-article-global-warming/ (consulté le 02.10.2018).

36. Otto F. E. L., Skeie R. B., Fuglestvedt J. S., Berntsen T., Allen M. R., « Assigning historic responsibility for extreme weather events », *Nature Climate Change*, 2017, vol. 7, p. 757-759.

37. En substance, j'avais deux idées pour établir ces calculs statistiques. Les différences statistiques des deux méthodes (l'une paramétrique, l'autre non) sont relativement faibles.

38. En l'occurrence, dans le cas concret du paysan péruvien, la chaîne de preuves n'est pas établie, mais notre étude sur la canicule en Argentine témoigne que démontrer un tel lien de causalité est possible.

39. Frame D., Rosier S., Carey-Smith T., Harrington L., Dean S., *et al.*, art. cité.

40. Les probabilités ainsi que leurs modifications liées au changement climatique (autrement dit, ce que nous autres scientifiques appelons la *fraction de risque attribuable*) sont sujettes à des incertitudes. En sciences, cela est parfaitement normal et reflète le fait que les modèles et mesures infaillibles n'existent pas et ne peuvent pas exister. Chaque discipline scientifique travaille avec des séries de données et des modèles incomplets, qui reposent sur des hypothèses. Ces hypothèses sont généralement fondées et justifiées, et les incertitudes sont quantifiables. Cependant, c'est souvent la partie la plus complexe de toute étude. Or les juristes ne sont pas des scientifiques, et pour une bonne raison. Tandis qu'entre scientifiques il est relativement facile de s'entendre sur la responsabilité du changement climatique dans l'augmentation de la probabilité d'un événement météo, ou de cerner l'ordre de grandeur de cette augmentation, il est beaucoup plus difficile de donner des chiffres exacts. En tout cas pour certains types d'événements.

41. Pour mémoire : on peut considérer une canicule du seul point de vue des températures, ou bien de celui du stress thermique. Selon l'angle choisi, la probabilité de canicule est variable. Cela ne pose aucun problème pour planifier des mesures d'adaptation sur cette base. Quand il s'agit de prévention en matière de santé, on sélectionne le stress thermique, et s'il est question de planifier des fenêtres de tir pour repiquer des plantations, on opte pour la température. Mais quand quelqu'un souhaite faire une demande de dommages et intérêts, il·elle risque d'avoir des problèmes en raison des différences d'interprétation. Ainsi, imaginons qu'un·e arboriculteur·rice exige des réparations auprès d'une entreprise d'énergie parce qu'une vague de chaleur au printemps a détruit ses fleurs de pêchers. Imaginons aussi que le verger soit situé dans l'État américain de Géorgie, et que le producteur ou la productrice avance comme preuve une étude d'attribution de cette vague de chaleur, dans laquelle la canicule est définie comme une période de températures extrêmes au mois de mai dans l'ensemble de l'État ainsi que dans d'autres à l'est du Vieux Sud. L'étude révèle que la probabilité a décuplé. De la même manière, la défense pourrait également fournir sa propre étude d'attribution, dans laquelle l'événement serait cette fois défini uniquement comme le jour le plus chaud dans la région de production des pêches de la Géorgie. Cette seconde étude ne montrerait qu'un doublement du risque de chaleur extrême. Toutefois, l'incertitude est si grande qu'une modification de la probabilité n'est pas à exclure. La défense devrait donc argumenter qu'il est impossible d'affirmer catégoriquement que le risque a augmenté, et comme de toute façon la multinationale en elle-même n'aurait que très faiblement contribué à l'ensemble des émissions, on ne pourrait pas constater de façon univoque l'empreinte du changement climatique. L'entreprise ne pourrait donc être condamnée. Pour expliquer que la différence de résultats ne provient que de propriétés statistiques, et qu'en même temps, la définition donnée par la défense est incorrecte, il faut disposer de données de qualité exceptionnelle et constater une modification extrêmement marquée de la probabilité, mais surtout avoir déterminé des critères précis : par exemple, à partir de quelle température et de quelle durée de la chaleur est-il certain que les fleurs de pêchers meurent. Il y a

seulement deux ou trois ans, cela aurait encore constitué un problème. Aujourd'hui, bien qu'il n'existe toujours pas de méthode unique et irréprochable pour attribuer les événements extrêmes, nous détenons tant d'études de qualité qu'il serait pour le moins difficile de présenter d'autres arguments répondant aussi bien aux standards scientifiques. Le jour où l'on trouvera des définitions pertinentes indiquant que le changement climatique ne joue aucun rôle, ce sera une autre histoire. La question décisive sera alors de savoir ce qu'est une définition pertinente. Les nombreuses études et exemples que nous possédons aident grandement à y répondre.

Le changement climatique au quotidien : adopter un nouveau regard sur le temps qu'il fait

1. Lange J.-M., Kaden M., « Hungersteine und Untiefen », Sächsisches Umweltlandesamt, 24.07.2018, https://www.umwelt.sachsen.de/umwelt/wasser/download/Dokument_Hungersteine_und_Untiefen.pdf et https://www.umwelt.sachsen.de/umwelt/wasser/download/Daten_Hungersteine_und_Untiefen.pdf (consultés le 07.10.2018).

2. Dans certaines régions d'Europe, la chaleur s'est accompagnée de sécheresse. Cette combinaison détermine souvent la façon dont les gens vivent une canicule. Pour savoir si le climat a également augmenté ce risque, il faudrait mener une autre étude d'attribution, car la nôtre s'est cantonnée au critère de la température et n'a pas pris en compte celui du manque d'eau.

3. Du moins au moment où nous avons conduit notre étude. Dans plusieurs villes, il a fait encore plus chaud au cours du mois d'août.

4. Ce qui fut possible grâce au travail effectué en amont : l'étude de 2018 était au final une réplique de notre étude de l'été 2017 dans le Bassin méditerranéen.

5. Cockburn H., « Fears over climate change hit highest level in a decade following heatwave, study says », *Independent*, Sep. 4, 2018, https://www.independent.co.uk/environment/climate-change-heatwave-global-warming-opinium-poll-leo-barasi-a8522901.html (consulté le 06.11.2018).

6. Néanmoins, nous remarquons aussi que nous commençons à atteindre nos limites. Pouvoir présenter notre travail partout dans le monde est fantastique, mais à présent, et on peut le comprendre, les médias attendent de notre part des informations en temps réel sur des événements météo extrêmes se déroulant à peu près n'importe où, comme si nous étions un service de météorologie. Or ce n'est pas le cas. Nous ne sommes qu'une poignée de scientifiques, dont la mission n'est pas d'attribuer chaque canicule au changement climatique. Le moment est peut-être venu de partager notre travail avec des personnes et des institutions détentrices des équipements nécessaires permettant de proposer des services météorologiques opérationnels.

7. La limite inférieure dépend moins des diverses méthodes, elle est donc mieux définie.

8. Schiermeier Q., art. cité.

9. Schaller N., Kay A. L., Lamb R., Massey N. R., Van Oldenborgh G. J., *et al.*, art. cité.

10. The Climate Coalition & Priestley International Centre for Climate : « Game Changer. How climate change is impacting sports in the UK », https://static1.squarespace.com/static/58b40fe1be65940cc4889d33/t/5a85c91e91 40b71180ba91e0/1518717218061/The+Climate+Coalition_Game+Changer.pdf (consulté le 06.11.2018).

11. Otto F. E. L., Van der Wiel K., Van Oldenborgh G. J., Philip S., Kew S. F., *et al.*, art. cité.

12. À l'été 2017, la sécheresse et la chaleur extrême étaient particulièrement dramatiques dans la péninsule Ibérique. Une catastrophe marquée de façon très nette par l'empreinte du changement climatique.

13. Samenow J., « Former hurricane Ophelia rocks Ireland with 100-mph wind gusts », *The Washington Post*, Oct. 16, 2017, https://www.washingtonpost.com/news/capital-weather-gang/wp/2017/10/16/ former-hurricane-ophelia-rocks-ireland-with-100-mph-wind-gusts/?utm_ term=.8438d71ffa27 (consulté le 09.10.2018).

14. Le changement climatique a considérablement augmenté le risque des précipitations tombées sur Houston durant l'été 2017. La modification de la probabilité est si importante que le caractère de la pluie en est sensiblement altéré. Par conséquent, les trombes d'eau déversées pendant l'ouragan Harvey représentent encore un événement exceptionnel, car ce dernier en lui-même reste extrêmement peu probable. La véritable question, dans le cas de Harvey, est de savoir si des résultats similaires s'appliqueraient à des événements moins extrêmes. Notre étude et celles de nos collègues ont montré que tel est le bien le cas.

Épilogue

1. Simon F., « 'Bad news' and 'despair' : Global carbon emissions to hit new record in 2018, IEA says », *Euractiv*, Oct. 18, 2018, https://www.euractiv.com/section/climate-environment/news/bad-news-and-despair-global-carbon-emissions-to-hit-new-record-in-2018-iea-says/ (consulté le 24.10.2018).

2. Otto F. E. L., Philip S., Kew S., Li S., King A., *et al.*, « Attributing high-impact extreme events across timescales – a case study of four different types of events », *Climatic Change*, 2018, vol. 149 (3-4), p. 399-412.

Table des matières

Préface 11
Introduction : La nouvelle météo :
il n'y a (vraiment) plus de saisons 19
    Jour 0 25
    Notre équipe 29

I.
Naissance d'un nouveau
secteur de recherche :
ce que la météo doit au climat

Causes et effets : comment nous avons modelé
le temps qu'il fait 37
    Pourquoi nous avons besoin de gaz
    à effet de serre 37
    Le visage du changement climatique 39
    La reconstitution de l'événement 44
    À nous de déterminer ce qu'est
    un événement météorologique extrême 46
    Jour 3 47

Qui sème le doute : les climato-sceptiques...................... 52
    Pseudo-expert·e·s et fabriques
    à penser conservatrices 56
    Les climatologues sous les feux de la critique............. 64
    Jour 4... 67

Révolution en climatologie : remettre les choses
à l'endroit.. 72
    Un principe fondamental au banc d'essai................ 75
    L'« événement Paris Hilton » 79
    Le premier et le deuxième cas : Europe 2015........... 82
    L'« unité spéciale » du climat........................... 85
    Jours 4 et 5 87

Le facteur humain : calculer l'influence du changement
climatique sur la météo....................................... 90
    Mesurer le monde....................................... 92
    Les satellites éclairent la météo 93
    Le réseau mondial des stations météo 96
    Les livres de bord :
    ce que les marins nous enseignent...................... 97
    L'observatoire Radcliffe à Oxford...................... 98
    Simulations informatiques :
    la météo est un jeu de dés 99
    Le monde tel qu'il serait
    sans changement climatique 102
    Les leçons des ufologues............................... 108
    Jour 6.. 110

Canicules, pluies diluviennes et Cie :
ce que la météo doit au changement climatique.............. 112
    Pluies extrêmes 115
    Absence de vagues de froid............................ 117
    Quand le changement climatique
    se neutralise lui-même 119

Les grandes inconnues : tempêtes de grêle,
tornades, etc. 121
Quand les êtres humains contrebalancent
le changement climatique 123
Un aperçu de l'avenir 124
Jour 15 125

II.
Conséquences :
ce que permet la science de l'attribution d'événements

Défaut de planification : quand on l'ignore,
le changement climatique se venge 133
Attendre que la catastrophe arrive 139
Dépassés par les impondérables
du changement climatique 141
Vers une équipe européenne d'attribution 144

Préférer les faits au fatalisme :
connaître les causes des catastrophes
permet de passer à l'action 148
Le changement climatique
n'est pas toujours coupable 151
Les politiques sous pression :
l'attentisme n'est plus recevable 155
Exode climatique et météorologique 159

Une question de justice :
quand on connaît le coût du changement climatique,
les pays industrialisés doivent payer 164
« Les États riches
ne veulent pas changer le système » 167
Un problème mondial qui ne dit pas son nom 170
Le pouvoir des chiffres 172

Se concentrer sur les risques
plutôt que sur les dommages 174
Assurer contre les risques climatiques 176

Débat sur la responsabilité globale : les États
et les grands groupes sur le banc des accusés 179
Le caractère des plaintes a changé 182
Un inventaire mondial du carbone 186
Non, nous ne sommes pas tous responsables 188
Les procès climatiques du futur 191
En chiffres, les principaux responsables des canicules 193
Ce que les scientifiques peuvent
ou ne peuvent pas faire 197

Le changement climatique au quotidien : adopter
un nouveau regard sur le temps qu'il fait 199
Canicule de 2018 : couverture médiatique
mondiale 202
Mais au fait, qu'y a-t-il encore de normal
de nos jours ? 204
Le changement climatique est arrivé
dans notre quotidien 207
Les inondations :
simple nuisance ou véritable menace ? 209
Jour 52 211

Épilogue 215
Remerciements 221
Notice éditoriale 223
Notes et références bibliographiques 225

***

Si vous souhaitez soutenir le travail de la *World Weather Attribution* en tant que citoyen·ne chercheur·euse et participer aux simulations climatiques sur votre ordinateur, vous trouverez des informations complémentaires sur climate*prediction*.net.

Tana S'ENGAGE

TANA est un éditeur qui s'engage pour la préservation de l'environnement et qui utilise du papier issu de forêts bien gérées certifiées FSC® et d'autres sources contrôlées.

Ce livre a été imprimé en France par un imprimeur certifié Imprim'Vert® avec des encres végétales. La couverture ne comprend pas de pelliculage contenant du plastique.

Direction éditoriale : Suyapa Hammje
Édition : Christine Baillet
Mise en pages : Nord Compo
Couverture : David Cosson
Fabrication : Céline Premel-Cabic

Titre original : Wütendes Wetter

© 2019 Ullstein Verlag, Ullstein Buchverlage GmbH, Berlin.

© Tana éditions, un département d'Édi8, 2019

ISBN : 979-10-30103-11-3
Dépôt légal : octobre 2019
Imprimé en France par Normandie Roto Impression s.a.s. (1904079)

Rejoignez-nous sur :
www.tana.fr